剪映

基础教程

（手机版+电脑版）

龙飞◎编著

U0243914

化学工业出版社

·北京·

内 容 简 介

本书通过10大专题内容，以及随书附赠的170多款素材效果、127分钟教学视频、80页PPT文件、电子教学课件及目录大纲，帮助读者快速成为使用剪映剪辑短视频的高手。

本书从3条线全面介绍了手机版和电脑版剪映的功能，帮助大家一本书精通剪映视频剪辑。

第1条线是"功能线"：介绍了剪映的核心功能，包括视频调色技巧、添加字幕和贴纸、添加音频和制作卡点视频、智能抠像和色度抠图、蒙版合成和关键帧、设置视频转场，以及制作片头片尾等内容，帮助读者从入门到精通剪映剪辑技巧。

第2条是"案例线"：书中以案例介绍理论的方法，列举了50多个案例，如相册卡点、Vlog、片头片尾等，并在最后安排了手机版和电脑版两个综合案例《城市呼吸》《七十大寿》，帮助读者掌握手机版和电脑版剪映的全程剪辑技巧。

第3条是"习题线"：前8章专题后面都附有习题和答案，帮助读者巩固提升学会的技巧！

本书案例丰富、实用性强，适合想学习短视频剪辑入门的剪映用户，也可作为各学校影视、剪辑、摄像等相关专业的教材。

图书在版编目（CIP）数据

剪映基础教程：手机版+电脑版 / 龙飞编著 . —北京：化学
工业出版社，2023.9
　ISBN 978-7-122-43751-8

　Ⅰ . ①剪… Ⅱ . ①龙… Ⅲ . ①视频编辑软件 Ⅳ . ① TP317.53

中国国家版本馆 CIP 数据核字（2023）第 118756 号

责任编辑：吴思璇　李　辰　孙　炜　　　　　封面设计：异一设计
责任校对：王鹏飞　　　　　　　　　　　　　装帧设计：盟诺文化

出版发行：化学工业出版社（北京市东城区青年湖南街13号　邮政编码100011）
印　　装：天津图文方嘉印刷有限公司
710mm×1000mm　1/16　印张10$\frac{1}{2}$　字数215千字　2023年10月北京第1版第1次印刷

购书咨询：010-64518888　　　　　　　　售后服务：010-64518899
网　　址：http://www.cip.com.cn
凡购买本书，如有缺损质量问题，本社销售中心负责调换。

定　　价：59.00元　　　　　　　　　　　　版权所有　违者必究

前言

2022年6月，笔者出版了一本有关剪映使用方法的书——《剪映实用教程》，此书凭借简洁明了的操作步骤、丰富的实战案例、精美的素材效果，再配上手机扫码看教学视频，深受广大读者的喜爱。

《剪映实用教程》以电脑版剪映为主，以手机版剪映为辅，对剪映功能进行了详细的介绍，许多读者读完本书后，对剪映有了充分的了解。因为相较于电脑版剪映，手机版剪映的使用更加便利，适合旅行、出游时对视频进行快速剪辑，以发到朋友圈。许多读者希望笔者对手机版剪映也编写一本书。笔者在认真调研及总结后，便编写了《剪映基础教程（手机版+电脑版）》（以下称为"本书"）。

本书最大的特色是以电脑版的《剪映实用教程》为参考，将书中的案例用剪映手机版来实现，这样既保证阅读过《剪映实用教程》的读者能够快速上手，将学过的电脑版剪映知识与手机版融会贯通，快速掌握剪映两个版本的用法。同时，如果本书的读者也想学习电脑版剪映，也可以购买《剪映实用教程》。这样，对于同一个效果，能轻松应用手机版与电脑版剪映来制作。本书具体特色描述如下：

（1）素材一样，功能相同，学到更多：本书与《剪映实用教程》书中95%的素材是一样的，笔者之前是用电脑版剪映来编写，这次用手机版剪映来制作，这样读者可以基于同样的素材与效果，使用两个版本来制作，事半功倍。

（2）素材效果，视频教学，均有赠送：随书赠送的资源，包含120个素材文件和50多个效果文件，以及55集长达127分钟的同步教学视频，手机扫码即可查看！另外，还赠送了PPT教学课件、电子教学课件和目录大纲，非常超值。

特别提示：在编写本书时，笔者是基于当前剪映版本截取的实际操作图片。但书从编辑到出版需要一段时间，在这段时间里，软件界面与功能会有调整与变化，比如有些功能被删除了，或者增加了一些新功能等，这些都是软件开发商做的软件更新。若图书出版后相关软件有更新，请以更新后的实际情况为准，根据书中的提示，举一反三进行操作即可。

本书由龙飞编著，参与编写的人员有宾紫嫣，提供视频素材和拍摄帮助的人员还有邓陆英、向小红、燕羽、苏苏、巧慧等人，在此表示感谢。由于作者知识水平有限，书中难免有不足和疏漏之处，恳请广大读者批评、指正，联系微信：2633228153。

编　者

2023年6月

目录

第1章

剪映的基础操作

本章要点：

    本章主要讲解剪映的基础操作，主要包括导入和导出素材、短视频变速素材、定格和倒放素材、旋转和裁剪素材、设置视频防抖、设置视频比例，以及设置磨皮瘦脸效果等7个内容。学会这些操作，打好基础，可以让用户在之后的视频处理过程中更加得心应手。

1.1 素材的剪辑

用户可以在剪映中对素材进行各种剪辑操作，制作出令人满意的视频效果。本节介绍导入和导出素材、短视频变速素材、定格和倒放素材、旋转和裁剪素材的操作方法。

1.1.1 导入和导出素材

【效果展示】：在剪映中导入素材后，用户可以对视频进行分割和删除处理，还可以在导出时设置相关参数，自由调节导出视频画质的清晰度，效果如图1-1所示。

扫码看教学视频　扫码看成品效果

图 1-1　导入和导出素材效果展示

下面介绍在剪映中导入和导出素材的操作方法。

步骤 **01** 在手机屏幕上点击"剪映"图标，如图1-2所示，即可打开剪映。

步骤 **02** 进入剪映主界面，点击"开始创作"按钮，如图1-3所示。

图 1-2　点击"剪映"图标　　　　　　图 1-3　点击"开始创作"按钮

步骤 03 执行操作后，进入"视频"界面，选择相应的视频素材，如图 1-4 所示。

步骤 04 点击"添加"按钮，即可成功导入相应的视频素材，并进入视频编辑界面，其界面组成如图1-5所示。

图 1-4　选择相应的视频素材

图 1-5　视频编辑界面组成

步骤 05 点击预览区域的全屏按钮，即可全屏预览视频效果，如图1-6所示。

图 1-6　全屏预览视频效果

步骤 06 点击"播放"按钮，即可播放视频，效果如图1-7所示。

图 1-7　播放视频效果

步骤 07 点击 ███ 按钮，返回视频编辑界面，点击界面右上方的1080P按钮，展开列表框，如图1-8所示。

步骤 08 执行操作后，拖曳"分辨率"滑块，设置"分辨率"参数为720P，降低画面分辨率，如图1-9所示。

图 1-8　展开列表框

图 1-9　设置"分辨率"参数

步骤 09 拖曳"帧率"滑块，设置"帧率"为24fps，降低帧率，如图1-10所示。

步骤 10 点击"导出"按钮，即可导出制作好的视频，并显示导出进度，如图1-11所示。

图 1-10　设置"帧率"参数　　　　　　图 1-11　显示导出进度

1.1.2　短视频变速素材

【效果展示】：在剪映中，用户可以对素材进行变速处理，调整视频的播放速度，效果如图1-12所示。

扫码看教学视频　扫码看成品效果

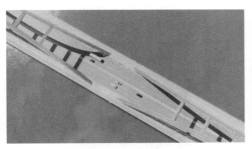

图 1-12　变速素材效果展示

下面介绍在剪映中变速素材的操作方法。

步骤 01 在剪映中导入一段视频素材，点击"剪辑"按钮，如图1-13所示。

步骤 02 执行操作后，在弹出的工具栏中点击"变速"按钮，如图 1-14 所示。

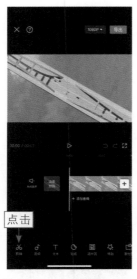

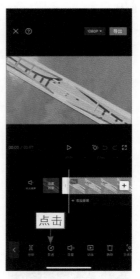

图 1-13 点击"剪辑"按钮　　　　　　　　图 1-14 点击"变速"按钮

步骤 03 执行操作后，点击"常规变速"按钮，如图1-15所示。

步骤 04 进入"变速"界面，拖曳红色的圆环滑块，即可调整整段视频的播放速度，如图1-16所示，点击☑按钮确认即可。

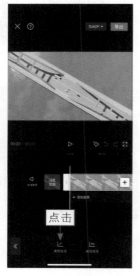

图 1-15 点击"常规变速"按钮　　　　　　图 1-16 调整整段视频的播放速度

1.1.3　定格和倒放素材

【效果展示】：在剪映中用户可以对视频进行
定格处理，留下定格的画面，还可以对视频进行倒
放处理，让视频画面倒着播放，效果如图1-17所示。

扫码看教学视频　　扫码看成品效果

图 1-17　定格和倒放素材效果展示

下面介绍使用剪映定格视频画面和制作倒放效果的方法。

步骤 01 在剪映中导入一段视频素材，点击"剪辑"按钮，如图1-18所示。

步骤 02 执行操作后，在弹出的工具栏中点击"定格"按钮，如图1-19所示。

 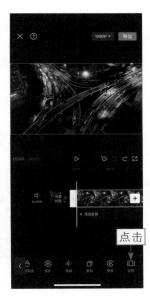

图 1-18　点击"剪辑"按钮　　　　　图 1-19　点击"定格"按钮

步骤 03 执行操作后，即可生成一段新的定格素材，向左拖曳定格素材右侧
的白框，将素材时长设置为1s，如图1-20所示。

步骤 04 执行操作后，选择第2段素材，点击"倒放"按钮，界面中间显示

"倒放成功"字样，如图1-21所示。

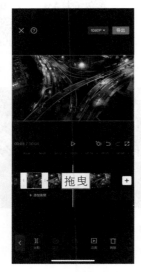

图 1-20　拖曳定格素材右侧的白框　　　　图 1-21　倒放成功

1.1.4　旋转和裁剪素材

【效果展示】：如果以某种角度拍出来的视频效果不好，可以在剪映中利用旋转功能调整视频角度，还可以裁剪视频，截取想要留下的视频画面，也可以将竖版视频变成横版视频，效果如图1-22所示。

扫码看教学视频　扫码看成品效果

图 1-22　旋转和裁剪素材效果展示

下面介绍在剪映中旋转和裁剪素材的操作方法。

步骤01 在剪映中导入一段视频素材，点击"剪辑"按钮，如图1-23所示。

步骤02 执行操作后，在弹出的工具栏中点击"编辑"按钮，如图1-24所示。

图 1-23　点击"剪辑"按钮

图 1-24　点击"编辑"按钮

步骤03 执行操作后，在弹出的工具栏中连续两次点击"旋转"按钮，将视频画面旋转180°，如图1-25所示。

步骤04 执行操作后，点击"裁剪"按钮，如图1-26所示。

图 1-25　点击"旋转"按钮

图 1-26　点击"裁剪"按钮

步骤05 进入"裁剪"界面，设置裁剪比例为16∶9，如图1-27所示。

步骤06 ❶拖曳裁剪控制框至合适的位置；❷点击☑按钮，如图1-28所示。

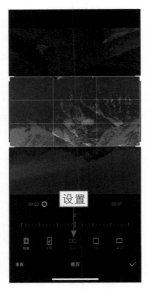

图 1-27　设置裁剪比例

图 1-28　点击相应的按钮（1）

步骤07 返回主界面，点击"比例"按钮，如图1-29所示。

步骤08 进入"比例"界面，❶选择16：9选项；❷点击✓按钮，如图1-30所示，即可将竖版视频变成横版。

图 1-29　点击"比例"按钮

图 1-30　点击相应的按钮（2）

1.2　素材的设置

　　如果用户对拍摄的视频效果不满意，可以根据需求对视频进行设置。本节介绍在剪映中设置视频防抖、设置视频比例和设置磨皮瘦脸效果的操作方法。

1.2.1　设置视频防抖

　　【效果展示】：如果拍视频时设备不稳定，视频画面可能会有点抖，此时用户可以使用剪映的视频防抖功能，一键稳定视频画面，效果如图 1-31 所示。

扫码看教学视频　扫码看成品效果

图 1-31　设置视频防抖效果展示

下面介绍在剪映中设置视频防抖的操作方法。

步骤 01 在剪映中导入一段视频素材，点击"剪辑"按钮，如图 1-32 所示。

步骤 02 执行操作后，在弹出的工具栏中点击"防抖"按钮，如图 1-33 所示。

图 1-32　点击"剪辑"按钮　　　　图 1-33　点击"防抖"按钮

步骤 03 进入"防抖"界面，在下方展开的面板中选择"最稳定"选项，如图1-34所示。

步骤 04 视频防抖处理完成后，在预览区域中预览视频防抖效果，如图1-35所示。

图 1-34　选择"最稳定"选项

图 1-35　预览视频防抖效果

1.2.2　设置视频比例

【效果展示】：剪映提供了多种画面比例供用户选择，用户可以通过设置比例的方式改变视频画面，把横版视频变成竖版视频，效果如图 1-36 所示。

扫码看教学视频　扫码看成品效果

图 1-36　设置视频比例效果展示

下面介绍在剪映中设置视频比例的操作方法。

步骤 01 在剪映中导入一段视频素材，点击"比例"按钮，如图1-37所示。

步骤 02 进入"比例"界面，在此可以调整素材的画面比例，如图1-38所示。

图 1-37　点击"比例"按钮　　　　　　　图 1-38　进入"比例"界面

步骤 03 执行操作后，❶选择9∶16选项；❷点击✓按钮，即可将横版视频变成竖版，如图1-39所示。

步骤 04 返回主界面，在预览区域中预览视频效果，如图1-40所示。

图 1-39　点击相应的按钮　　　　　　　图 1-40　预览视频效果

1.2.3　设置磨皮瘦脸效果

【效果展示】：在剪映中可以给视频中的人物进行磨皮和瘦脸处理，美化人物的脸部状态，效果如图1-41所示。

扫码看教学视频　扫码看成品效果

图 1-41　设置磨皮瘦脸效果展示

下面介绍在剪映中设置磨皮瘦脸效果的操作方法。

步骤01 在剪映中导入一段视频素材，点击"剪辑"按钮，在弹出的工具栏中点击"美颜美体"按钮，如图1-42所示。

步骤02 执行操作后，点击"美颜"按钮，如图1-43所示。

图 1-42　点击"美颜美体"按钮　　　　**图 1-43　点击"美颜"按钮**

步骤03 进入"美颜"界面，❶选择"磨皮"选项；❷拖曳白色圆形滑块至数值100的位置，如图1-44所示。

步骤04 ❶切换至"美型"选项卡；❷选择"瘦脸"选项；❸拖曳白色圆形滑块至数值100的位置，如图1-45所示，点击☑按钮即可完成人像瘦脸处理。

图 1-44　拖曳白色圆形滑块至数值 100 的位置　　图 1-45　拖曳白色圆形滑块至数值 100 的位置

步骤05 返回主界面，点击底部的"特效"按钮，点击"画面特效"按钮，如图1-46所示。

步骤06 ❶切换至"基础"选项卡；❷选择"变清晰"特效，如图 1-47 所示。

图 1-46　点击"画面特效"按钮　　　　图 1-47　选择"变清晰"特效

步骤 07 拖曳特效右侧的白框，调整其持续时长，如图1-48所示。

步骤 08 使用相同的操作方法，添加"金粉"选项卡中的"金粉闪闪"特效，并调整其位置和持续时长，如图1-49所示。

图 1-48　调整特效持续时长

图 1-49　调整特效位置和持续时长

习题：更改视频背景

【效果展示】：当用户将横版视频转换为竖版视频后，如果对黑色背景不太满意，也可以使用剪映的"背景"功能，修改背景的颜色或者更换其他的背景，效果如图1-50所示。

扫码看教学视频　　扫码看成品效果

图 1-50　更改视频背景效果展示

第 2 章

视频调色技巧

本章要点：

　　调色是剪辑短视频不可或缺的步骤，调出精美的色调可以让视频更加出彩。本章主要讲解视频的调色技巧，主要涉及添加和删除滤镜、设置基础调节参数、使用滤镜进行调色、使用色卡进行调色，以及使用预设进行调色等内容。学会这些操作，可以帮助用户制作出画面更加精美的短视频作品。

2.1　了解滤镜和调节

剪映拥有风格多样、种类丰富的滤镜库，用户可以根据需求任意挑选。不过滤镜并不是万能的，不能适配所有画面，因此用户为视频添加好滤镜后，还需要对视频画面进行色彩调节，来获得最优的画面效果。本节主要介绍添加和删除滤镜，以及设置基础调节参数的操作方法。

2.1.1　添加和删除滤镜

【效果说明】：用户在剪映中添加滤镜时，可以多尝试几种滤镜，然后挑选最佳的滤镜效果，添加合适的滤镜能让画面焕然一新。素材与效果对比如图2-1所示。

扫码看教学视频　　扫码看成品效果

图 2-1　素材与效果对比

下面介绍在剪映中添加和删除滤镜的操作方法。

步骤01 在剪映中导入一段视频素材，❶选择视频轨道中的素材；❷点击"滤镜"按钮，如图2-2所示。

步骤02 进入"滤镜"界面，❶切换至"影视级"选项卡；❷选择"敦刻尔克"滤镜，如图2-3所示。

步骤03 由于添加滤镜之后画面十分暗淡，饱和度也很低，可以点击"风格化"左侧的🚫按钮，点击后删除滤镜，视频恢复原状，如

图 2-2　点击"滤镜"　　图 2-3　选择"敦刻尔克"
　　　　按钮　　　　　　　　　　滤镜

图2-4所示。

步骤04 ❶切换至"复古胶片"选项卡；❷选择KU4滤镜，添加该滤镜，提升画面的整体色彩饱和度，让夜景中的各种灯光显得更加亮丽，如图2-5所示。

图 2-4　删除滤镜　　　　　　　　　图 2-5　添加 KU4 滤镜

2.1.2　设置基础调节参数

【效果说明】：为视频添加合适的滤镜后，用户可以设置基础调节参数，以获得更好的画面效果。原图与效果对比如图 2-6 所示。

扫码看教学视频　扫码看成品效果

图 2-6　原图与效果对比

下面介绍在剪映中设置基础调节参数的操作方法。

步骤01 在剪映中导入一段视频素材，❶选中视频轨道中的素材；❷点击"调节"按钮，如图2-7所示。

步骤02 进入"调节"界面，❶选择"光感"选项；❷拖曳滑块，将其参数值设置为12，这样可以让视频画面的亮度更高，如图2-8所示。

图 2-7　点击"调节"按钮

图 2-8　调节"光感"参数

步骤03 ❶选择"阴影"选项；❷拖曳滑块，将其参数值设置为6，这样可以让视频画面中暗部的亮度更高，如图2-9所示。

步骤04 ❶选择"色温"选项；❷拖曳滑块，将其参数值设置为-11，这样可以让视频画面的风格更偏冷色调，如图2-10所示。

图 2-9　调节"阴影"参数

图 2-10　调节"色温"参数

步骤 05 ❶选择"色调"选项；❷拖曳滑块，将其参数值设置为10，这样可以让视频画面的相对明暗程度更高，如图2-11所示。

步骤 06 ❶选择"饱和度"选项；❷拖曳滑块，将其参数值设置为6，这样可以让视频画面的颜色更鲜艳，如图2-12所示。

图 2-11　调节"色调"参数

图 2-12　调节"饱和度"参数

步骤 07 ❶选择"锐化"选项；❷拖曳滑块，将其参数值设置为30，这样可以让视频画面更加清晰，如图2-13所示。

步骤 08 执行操作后，在预览区域中预览视频效果，如图2-14所示。

图 2-13　设置"锐化"参数

图 2-14　预览视频效果

2.2 3种调色方法

调色的方法有很多种，用户可以选取最适合、最方便的一种方法对视频进行调色。本节将介绍在剪映中使用滤镜、色卡和预设对视频进行调色的操作方法。

2.2.1 使用滤镜进行调色

【效果说明】：在剪映中，最基础的调色方法就是为视频添加合适的滤镜，再根据画面效果设置相应的调节参数。例如，为视频添加"绿妍"滤镜，并设置调节参数，使视频中的植物变得有光泽，细节也更加突出。原图与效果图对比如图2-15所示。

扫码看教学视频　扫码看成品效果

图 2-15　原图与效果图对比

下面介绍在剪映中使用滤镜进行调色的操作方法。

步骤01 在剪映中导入一段视频素材，点击"滤镜"按钮，如图2-16所示。

步骤02 进入"滤镜"界面，❶切换至"风景"选项卡；❷选择"绿妍"滤镜，如图2-17所示。

步骤03 ❶切换至"调节"界面；❷选择"对比度"选项；❸拖曳滑块，将其参数值设置为33，使视频画面层次更鲜明，如图2-18所示。

步骤04 ❶选择"饱和度"选项；❷拖曳滑块，将其参数值设置

图 2-16　点击"滤镜"　　图 2-17　选择"绿妍"
　　　　　按钮　　　　　　　　　　滤镜

为21，使视频画面颜色更鲜艳，如图2-19所示。

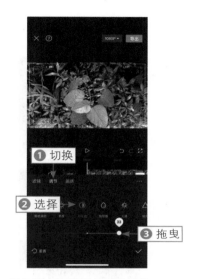

图 2-18　设置"对比度"参数

图 2-19　设置"饱和度"参数

步骤05 ❶选择"锐化"选项；❷拖曳滑块，将其参数值设置为21，使视频画面更加清晰，如图2-20所示。

步骤06 ❶选择"色温"选项；❷拖曳滑块，将其参数值设置为-13，使视频画面的风格更偏冷色调，如图2-21所示。

图 2-20　设置"锐化"参数

图 2-21　设置"色温"参数

步骤07 ❶选择"色调"选项；❷拖曳滑块，将其参数值设置为-12，使画面的明暗对比程度更低，如图2-22所示。

步骤08 调整滤镜和调节效果的持续时长，使其与视频的时长一致，如图2-23所示。

图2-22　设置"色调"参数

图2-23　调整滤镜和调节效果的持续时长

2.2.2　使用色卡进行调色

【效果说明】：使用色卡调色是非常流行的调色方法，不需要添加滤镜和设置调节参数，利用各种颜色的色卡就能调出相应的色调。原图与效果图对比如图2-24所示。

扫码看教学视频　　扫码看成品效果

下面介绍在剪映中使用色卡进行调色的操作方法。

步骤01 在剪映中导入一段视频素材，点击"画中画"按钮，在弹出的工具栏中点击"新增画中画"按钮，如图2-25所示。

步骤02 在画中画轨道中添加两段色卡素材，调整画面大小，使其覆盖视频画面，并调整两段色卡素材的时长，使其与视频素材的时长一致，如图2-26所示。

图2-24　原图与效果图对比

图 2-25　点击"新增画中画"按钮　　　　　　　图 2-26　调整两段色卡素材

步骤 **03** 选择白色色卡素材，❶设置"混合模式"为"柔光"；❷拖曳滑块，设置"不透明度"参数为50，如图2-27所示。

步骤 **04** 选择蓝色色卡素材，❶设置"混合模式"为"柔光"；❷拖曳滑块，设置"不透明度"参数为30，如图2-28所示。

图 2-27　设置"不透明度"参数（1）　　　　　图 2-28　设置"不透明度"参数（2）

步骤 **05** 回到主界面，点击"特效"按钮，在弹出的工具栏中点击"画面特效"按钮，如图2-29所示。

步骤06 ❶切换至"边框"选项卡；❷选择"原相机"特效，如图2-30所示。

图 2-29 点击"画面特效"按钮　　　　图 2-30 选择"原相机"特效

★ 专 家 提 醒 ★

使用色卡调色的优点在于通过一张色卡就能为画面定调，减少了设置参数的过程，还可以叠加使用多张色卡，非常灵活、方便。

特效面板中提供了十几种类型的特效供用户选择，用户可以根据需要对特效进行预览和添加。为了更方便、快速地找到特效，用户可以长按特效进行收藏，收藏完成后，用户就可以在"收藏"选项卡中查看和添加该特效。再次长按特效后，便可以取消收藏。

2.2.3 使用预设进行调色

【效果说明】：在剪映中，用户可以提前设置并保存调节参数，也可以在完成视频调色后保存设置好的参数。这样下次对相应类型的视频进行调色时，即可一键套用预设，节约设置调节参数的时

扫码看教学视频　扫码看成品效果

间。调色后的视频画面十分唯美和梦幻，会令人动容且印象深刻。原图与效果图对比如图2-31所示。

图 2-31　原图与效果图对比

下面介绍在剪映中使用预设进行调色的操作方法。

步骤 01　在剪映中导入一段视频素材，点击"滤镜"按钮，如图2-32所示。

步骤 02　❶切换至"风景"选项卡；❷选择"暮色"滤镜，如图2-33所示，给视频进行初步调色。

图 2-32　点击"滤镜"按钮　　　　图 2-33　选择"暮色"滤镜

步骤 03　❶切换至"调节"界面；❷选择"对比度"选项；❸拖曳滑块，将其参数值设置为9，使画面层次更加丰富，如图2-34所示。

步骤 04　❶选择"高光"选项；❷拖曳滑块，将其参数值设置为8，使画面整体亮度提高，如图2-35所示。

步骤 05　❶选择"阴影"选项；❷拖曳滑块，将其参数值设置为10，使画面暗部的亮度提高，如图2-36所示。

图 2-34　设置"对比度"参数

图 2-35　设置"高光"参数

步骤06 ❶选择"锐化"选项；❷拖曳滑块，将其参数值设置为19，使画面变得更加清晰，如图2-37所示。

图 2-36　设置"阴影"参数

图 2-37　设置"锐化"参数

步骤07 ❶选择"色温"选项；❷拖曳滑块，将其参数值设置为10，使画面风格更加偏向暖色调，如图2-38所示。

步骤08 ❶选择"色调"选项；❷拖曳滑块，将其参数值设置为16，使画面明暗程度的对比变得更强，如图2-39所示。

图 2-38　设置"色温"参数

图 2-39　设置"色调"参数

步骤 09 ❶选择"饱和度"选项；❷拖曳滑块，将其参数值设置为4，使画面颜色更加鲜艳，如图2-40所示。

步骤 10 选择HSL选项，进入其设置界面，❶选择紫色选项⬤；❷拖曳相应的滑块，设置"色调"和"饱和度"参数均为22，如图2-41所示。

图 2-40　设置"饱和度"参数

图 2-41　设置紫色的"色调"和"饱和度"参数

步骤 11 点击预览区域下方的"播放"按钮▷，预览视频效果，如图 2-42 所示。

图 2-42　预览视频效果

步骤 12 预览结束后，为了方便下一次调色，可以保存设置好的参数作为预设。❶点击■■■按钮；❷点击弹出的"保存预设"按钮，如图2-43所示，执行操作后，画面中间出现"保存预设"提醒。

步骤 13 保存完成后，即可在"滤镜"界面中的"我的"选项卡中，查看保存的"我的预设1"预设，如图2-44所示。

图 2-43　点击"保存预设"按钮

图 2-44　查看预设

习题：天空调色

【效果展示】：在剪映中，用户可以通过给素材添加滤镜进行调色，还可以通过设置调节参数来调色，二者可以一起使用，调出自己想要的效果。比如常见的天空视频，可以通过调色使视频画面中的蓝色更加突出，原图与效果图对比如图2-45所示。

扫码看教学视频　扫码看成品效果

图 2-45　原图与效果图对比

第 3 章

添加字幕和贴纸

本章要点：

　　我们在刷短视频的时候，常常可以看到很多短视频中都添加了字幕，或者是歌词，或者是语音解说，让观众在短短几秒内就能看懂更多视频内容。本章主要介绍添加文本和设置文字样式、添加花字和模板、添加贴纸、使用"识别字幕"功能和"识别歌词"功能自动生成字幕的操作方法。

3.1　手动添加字幕和贴纸

剪映提供了种类丰富的字体、文字样式、花字样式、文字模板和贴纸供用户选择，用户可以根据自己的喜好，手动为视频添加字幕和贴纸。

3.1.1　添加文本和设置文字样式

【效果展示】：在剪映中可以为视频添加文字，增加视频内容，添加文字后还可以设置文字样式和添加文字动画，丰富文字形式，让图文更加适配，效果如图3-1所示。

扫码看教学视频　　扫码看成品效果

图 3-1　添加文本和设置文字样式效果展示

下面介绍在剪映中添加文本和设置文字样式的操作方法。

步骤 01 在剪映中导入一段视频素材，点击"文本"按钮，在弹出的工具栏中点击"新建文本"按钮，如图3-2所示。

步骤 02 进入"字体"选项卡，用户可以直接在文本框中输入文字，也可以长按文本框，如图 3-3 所示，通过粘贴文字来快速输入文字。

步骤 03 ❶ 在文本框中输入符合短视频主题的文字内容；❷ 点击文本框右侧的 ✓ 按钮确认操作，如图3-4所示，即可添加文字。

步骤 04 选择合适的字体，让文字更有艺术感，如图3-5所示。

图 3-2　点击"新建文本"　　图 3-3　长按文本框
　　　　　按钮

图 3-4　点击相应的按钮

图 3-5　选择字体

步骤 05　选择相应的预设样式，让文字效果更精美，如图3-6所示。

步骤 06　在预览区域按住文字素材并拖曳，即可调整文字的位置，如图3-7所示。

图 3-6　选择预设样式

图 3-7　调整文字位置

步骤 07　调整文字的持续时长，使其与视频时长保持一致，如图3-8所示。

步骤 08　执行操作后，❶切换至"动画"选项卡；❷在"入场"选项区中选择"轻微放大"动画；❸设置动画时长为1.0s，如图3-9所示。

图 3-8　调整文字持续时长

图 3-9　设置动画时长（1）

步骤09 ❶切换至"出场"选项区；❷选择"闭幕"动画；❸设置动画时长为1.0s，如图3-10所示。

步骤10 点击"播放"按钮▷，预览视频效果，如图3-11所示。

图 3-10　设置动画时长（2）

图 3-11　预览视频效果

3.1.2 添加花字和模板

【效果展示】：剪映自带花字样式和文字模
板，款式多样，一键即可套用，非常方便，效果如
图3-12所示。

扫码看教学视频　扫码看成品效果

图 3-12　添加花字样式和文字模板效果展示

下面介绍在剪映中添加花字和模板的操作方法。

步骤01 在剪映中导入一段视频素材，点击"文本"按钮，在弹出的工具栏
中点击"新建文本"按钮，如图3-13所示。

步骤02 ❶切换至"花字"选项卡；❷在"热门"选项区中选择相应的花
字，如图3-14所示。

图 3-13　点击"新建文本"按钮　　　　图 3-14　选择相应的花字

步骤03 在文本框中输入新的文字内容，如图3-15所示。

步骤 04 在预览区域中适当调整文字的大小和位置，如图3-16所示。

图 3-15　输入文字内容　　　　　　　图 3-16　调整文字的大小和位置

步骤 05 ❶切换至"动画"选项卡；❷在"入场"选项区中选择"开幕"动画；❸设置动画时长为1.0s，如图3-17所示。

步骤 06 完成后返回上一级，点击"文字模板"按钮，如图3-18所示。

图 3-17　设置动画时长　　　　　　　图 3-18　点击"文字模板"按钮

步骤07 在"时间地点"选项区中选择相应的文字模板，如图3-19所示。

步骤08 修改文字模板的内容，调整文字模板的大小和位置，如图3-20所示。

图 3-19　选择文字模板

图 3-20　调整文字模板大小和位置

步骤09 调整两段文本的显示时长，使其与视频素材的时长一致，如图3-21所示。

步骤10 在预览区域中预览视频效果，如图3-22所示。

图 3-21　调整文本的显示时长

图 3-22　预览视频效果

3.1.3　添加贴纸

【效果展示】：在剪映中有非常多的贴纸，风格种类多样，用户可以根据视频的内容，添加相应的贴纸。比如，风景类的视频就可以添加一些文字类的贴纸，丰富画面内容，效果如图3-23所示。

扫码看教学视频　　扫码看成品效果

图 3-23　添加贴纸效果展示

下面介绍在剪映中添加贴纸的操作方法。

步骤 01 在剪映中导入一段视频素材，点击"贴纸"按钮，如图3-24所示。

步骤 02 ❶切换至"线条风"选项卡；❷选择相应的贴纸，如图3-25所示。

图 3-24　点击"贴纸"按钮　　　　　图 3-25　选择相应的贴纸（1）

步骤 03 ❶切换至"闪闪"选项卡；❷选择相应的贴纸，如图3-26所示。

步骤 04 调整两段贴纸的显示时长，使其与视频素材对齐，如图3-27所示。

图 3-26 选择相应的贴纸（2）

图 3-27 调整贴纸的显示时长

步骤05 在预览区域中调整两段贴纸的大小和位置，如图3-28所示。

步骤06 在预览区域中预览视频效果，如图3-29所示。

图 3-28 调整贴纸的大小和位置

图 3-29 预览视频效果

3.2 自动生成字幕

当视频中有人声或背景音乐时，用户可以使用剪映中的"识别字幕"功能或"识别歌词"功能自动生成字幕，节省了手动添加字幕的时间。本节介绍使用"识别字幕"功能和"识别歌词"功能添加字幕的操作方法。

3.2.1　使用"识别字幕"功能

【效果展示】：在剪映中运用"识别字幕"功能就能识别视频中的人声并自动生成字幕，后期还可以设置字幕的样式，非常方便，效果如图 3-30 所示。

扫码看教学视频　扫码看成品效果

图 3-30　识别字幕效果展示

下面介绍在剪映中识别字幕的操作方法。

步骤 01 在剪映中导入一段视频素材，点击"文本"按钮，在弹出的工具栏中点击"识别字幕"按钮，如图 3-31 所示。

步骤 02 进入"识别字幕"界面，点击"开始匹配"按钮，如图 3-32 所示，即可识别字幕。

图 3-31　点击"识别字幕"按钮　　　　图 3-32　点击"开始匹配"按钮

步骤 03 执行操作后，界面最上方弹出"字幕识别中"提示信息，如图 3-33 所示。

步骤04 识别完成后，生成相应的文字，如图3-34所示。

图 3-33 弹出信息框

图 3-34 生成相应的文字

步骤05 点击文本框右上角的 ✎ 按钮，❶切换到"字体"选项卡；❷选择相应的字体，如图3-35所示。

步骤06 ❶切换到"样式"选项卡；❷选择相应的文字样式，如图3-36所示，默认选中"应用到所有字幕"复选框。

图 3-35 选择文字字体

图 3-36 选择文字样式

步骤 07 在预览区域中调整文字的大小和位置，如图3-37所示。

步骤 08 在预览区域中预览视频效果，如图3-38所示。

图 3-37　调整文字的大小和位置

图 3-38　预览视频效果

3.2.2　使用"识别歌词"功能

【效果展示】：在剪映中运用"识别歌词"功能可以自动生成歌词字幕，为歌词字幕设置相应的动画效果后，就可以制作出KTV歌词字幕，效果如图3-39所示。

扫码看教学视频　扫码看成品效果

图 3-39　识别歌词效果展示

下面介绍在剪映中识别歌词的操作方法。

步骤 01 在剪映中导入一段视频素材，点击"文本"按钮，在弹出的工具栏中点击"识别歌词"按钮，如图3-40所示。

步骤02 执行操作后，进入"识别歌词"界面，点击"开始匹配"按钮，如图3-41所示。

图 3-40　点击"识别歌词"按钮

图 3-41　点击"开始匹配"按钮

步骤03 执行操作后，界面最上方弹出"歌词识别中"提示信息，如图3-42所示。

步骤04 识别完成后生成文字，调整文字的显示时长，如图3-43所示。

图 3-42　弹出信息框

图 3-43　调整文字的显示时长

步骤 05 选择第1段文字，选择合适的字体，如图3-44所示。

步骤 06 ❶切换至"样式"选项卡；❷在"粗斜体"选项区中，点击"粗体"按钮 B，将字体加粗，如图3-45所示。

图 3-44　选择字体

图 3-45　将字体加粗

步骤 07 ❶切换至"动画"选项卡；❷选择"入场"选项区中的"卡拉OK"动画；❸设置动画时长为最长，如图3-46所示。

步骤 08 在预览区域中调整文字的大小和位置，如图3-47所示。

图 3-46　设置动画时长

图 3-47　调整文字的大小和位置

★ 专家提醒 ★

使用"识别歌词"功能生成字幕后，会默认选中"应用到所有歌词"复选框，便于用户对字幕进行统一设置，节约用户的时间。如果用户想为不同的字幕设置不同的样式，可以先取消选中"应用到所有歌词"复选框，再进行设置。

习题：使用"文本朗读"功能

【效果展示】：使用剪映的"文本朗读"功能能够自动将视频中的文字内容转化为语音，提升观众的观看体验，画面效果如图3-48所示。

扫码看教学视频　扫码看成品效果

将焦点对准建筑主体　　控制无人机向前飞行，将镜头逐渐推近

图 3-48　文本朗读效果画面展示

第 4 章

添加音频和制作卡点视频

本章要点：

　　背景音乐是视频中不可或缺的元素，贴合视频的音乐能为视频增加记忆点和亮点。本章主要介绍如何为视频添加音频和剪辑时长、添加音效和设置音量、提取音频和设置淡化、运用"自动踩点"功能制作花朵卡点视频、运用"手动踩点"功能制作滤镜卡点视频和边框卡点视频，帮助大家利用音乐为视频"增色增彩"。

剪映基础教程（手机版＋电脑版）

4.1 添加音频和音效

剪映自带种类丰富的音乐库和音效库，用户可以随时调用。除此之外，用户还可以提取并添加其他视频中的音乐。用户为视频添加音乐或音效后，还可以进行相应的编辑，如剪辑时长、设置音量及设置淡入淡出效果等。

4.1.1 添加音频和剪辑时长

【效果展示】：在剪映中添加音频之后，还需要对音频进行剪辑，从而使音乐更适配视频，画面效果如图4-1所示。

扫码看教学视频　扫码看成品效果

图 4-1　添加音频和剪辑时长画面效果展示

下面介绍在剪映中添加音频和剪辑时长的操作方法。

步骤 01 在剪映中导入一段视频素材，点击"音频"按钮，如图4-2所示。

步骤 02 在弹出的工具栏中点击"抖音收藏"按钮，如图4-3所示。

图 4-2　点击"音频"按钮　　　　　图 4-3　点击"抖音收藏"按钮

48

步骤 03 进入"添加音乐"界面,点击所选音频右侧的"使用"按钮,如图4-4所示,即可将其添加到音频轨道中。

步骤 04 ❶拖曳时间轴至视频素材结束的位置;❷点击"分割"按钮,如图4-5所示,将多余的音频分割成第2段音乐素材。

图 4-4　点击"使用"按钮

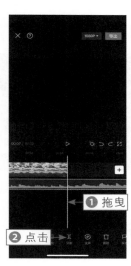

图 4-5　点击"分割"按钮

步骤 05 ❶选择第2段音乐素材;❷点击"删除"按钮,如图4-6所示,删除多余的音乐素材。

步骤 06 在预览区域中预览视频效果,如图4-7所示。

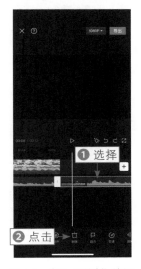

图 4-6　点击"删除"按钮

图 4-7　预览视频效果

4.1.2　添加音效和设置音量

【效果展示】：剪映中的音效类别非常多，用户可以根据视频场景添加相应的音效，这样能让视频内容更加丰富，让人产生身临其境的感觉，还可以设置音量值，调整音量大小，画面效果如图 4-8 所示。

扫码看教学视频　扫码看成品效果

图 4-8　添加音效和设置音量画面效果展示

下面介绍在剪映中添加音效和设置音量的操作方法。

步骤01　在剪映中导入一段视频素材，点击"音频"按钮，在弹出的工具栏中点击"音效"按钮，如图4-9所示。

步骤02　❶在搜索框中输入"瀑布"并搜索相关音效；❷点击音效试听；❸点击合适的音效右侧的"使用"按钮，如图4-10所示。

图 4-9　点击"音效"按钮　　　　图 4-10　点击"使用"按钮

步骤03　使用相同的操作方法，❶在搜索框中输入"动物"并搜索相关音效；❷点击音效试听；❸点击合适的音效右侧的"使用"按钮，如图4-11所示。

步骤 04 调整两段音效的时长，使其与视频素材的时长一致，如图 4-12 所示。

图 4-11 点击相应的按钮

图 4-12 调整音效的时长

步骤 05 ❶选择"清脆鸟叫声"音效，点击"音量"按钮，进入"音量"设置界面；❷拖曳滑块，将其参数值设置为80，如图4-13所示。

步骤 06 在预览区域中预览视频效果，如图4-14所示。

图 4-13 设置"音量"参数

图 4-14 预览视频效果

剪映基础教程（手机版＋电脑版）

★ 专家提醒 ★

剪映中的音效类别十分丰富，有十几种类别之多，选择与视频场景最搭配的音效非常重要，而且这些音效可以叠加使用，还能叠加背景音乐，使场景中的声音更加丰富。怎么选择最合适的音效呢？这就需要用户挨个音效去试听和选择了。

4.1.3 提取音频和设置淡化

【效果展示】：用户可以利用剪映中的"提取音频"功能提取并添加其他视频中的背景音乐，再对音频设置淡入淡出效果，让音频前后的进场和出场变得更加自然，画面效果如图4-15所示。

扫码看教学视频　扫码看成品效果

图 4-15　提取音频和设置淡化的画面效果展示

下面介绍在剪映中提取音频和设置淡化的操作方法。

步骤01 在剪映中导入一段视频素材，点击"音频"按钮，在弹出的工具栏中点击"提取音乐"按钮，如图4-16所示。

步骤02 进入"视频"界面，❶选择要提取音频的视频素材；❷点击"仅导入视频的声音"按钮，如图4-17所示。

步骤03 调整提取的音频的时长，使其与视频的时长一致，如图4-18所示。

步骤04 ❶选中导入的音频素材；❷点击"淡化"按钮，如图4-19所示。

图 4-16　点击"提取音　　图 4-17　点击相应的
　　　　　乐"按钮　　　　　　　　　按钮

52

图 4-18　调整音频的时长

图 4-19　点击"淡化"按钮

步骤 05 拖曳"淡入时长"滑块，设置"淡入时长"为 1.0s，如图 4-20 所示。

步骤 06 拖曳"淡出时长"滑块，设置"淡出时长"为 1.0s，如图 4-21 所示。

图 4-20　设置"淡入时长"参数

图 4-21　设置"淡出时长"参数

4.2　制作卡点视频

在各大短视频平台中，卡点视频是一种非常热门的视频类型。想制作出好看的卡点视频，就需要先找到音乐的节拍点，再根据节拍点调整素材的时长和添加其他效果。

4.2.1 制作花朵卡点视频

【效果展示】：剪映的"自动踩点"功能可以帮助用户快速找到音乐的节拍点，这样就可以轻松地根据节拍点做出花朵卡点视频，非常方便，效果如图4-22所示。

扫码看教学视频　扫码看成品效果

图 4-22　花朵卡点效果展示

下面介绍在剪映中运用"自动踩点"功能制作花朵卡点视频的操作方法。

步骤 01 在剪映中导入5张花朵照片素材，如图4-23所示。

步骤 02 点击"音频"按钮，在弹出的工具栏中点击"抖音收藏"按钮，进入"添加音乐"界面，点击相应音乐右侧的"使用"按钮，如图4-24所示，即可将其添加到音频轨道中。

步骤 03 ❶ 选中导入的音频素材；❷ 点击"踩点"按钮，如图 4-25所示。

步骤 04 进入"踩点"设置界面，❶ 开启"自动踩点"功能；❷ 选择"踩节拍 Ⅱ"选项，如图4-26所示。

图 4-23　导入照片素材　　图 4-24　点击"使用"按钮

图 4-25　点击"踩点"按钮

图 4-26　选择"踩节拍Ⅱ"选项

步骤05 根据音乐节拍和小黄点的位置，调整每段素材的时长，分割出多余的音频，如图4-27所示，并将其删除。

步骤06 点击"比例"按钮进入其界面，选择16：9选项，如图4-28所示。

图 4-27　分割音频

图 4-28　选择 16 ：9 选项

步骤07 点击"背景"按钮，在弹出的工具栏中点击"画布模糊"按钮，如图4-29所示。

步骤08 进入"画布模糊"界面，选择第2种模糊样式，如图4-30所示。

图 4-29 点击"画布模糊"按钮

图 4-30 选择模糊样式

步骤09 ❶选中第1段素材；❷点击"动画"按钮，如图4-31所示。

步骤10 ❶切换至"出场动画"选项卡；❷选择"旋转"动画；❸设置动画时长为1.0s，如图4-32所示。使用相同的操作方法，为剩下的素材添加动画，使素材之间的切换更加动感十足。

图 4-31 点击"动画"按钮

图 4-32 设置出场动画

4.2.2　制作滤镜卡点视频

【效果展示】：在剪映中用户可以根据音乐节拍点击"手动踩点"按钮，为音频添加节拍点，再根据节拍点制作卡点视频。例如，滤镜卡点视频就是根据节拍点为视频添加不同滤镜的，从而让单调的视频画面变得更好看，如图4-33所示。

扫码看教学视频　　扫码看成品效果

图 4-33　滤镜卡点效果展示

下面介绍在剪映中运用"手动踩点"功能制作滤镜卡点视频的操作方法。

步骤01 在剪映中导入一段视频素材，点击"音频"按钮，在弹出的工具栏中点击"抖音收藏"按钮，如图4-34所示。

步骤02 进入"添加音乐"界面，点击所选音乐右侧的"使用"按钮，如图4-35所示，即可将其添加到音频轨道中。

图 4-34　点击"抖音收藏"按钮　　　　图 4-35　点击"使用"按钮

步骤03 选择音频素材，点击"踩点"按钮，进入"踩点"设置界面，拖曳时间轴至音频中的节拍点上，点击"添加点"按钮，如图4-36所示，即可在音频素材上添加黄色的小圆点。

步骤04 点击"删除点"按钮，如图4-37所示，即可删除小黄点。

图 4-36　点击"添加点"按钮　　　　　　图 4-37　点击"删除点"按钮

步骤05 根据音乐节奏的起伏完成手动踩点后，分割出多余的音频素材，如图4-38所示，将其删除，使音频和视频的时长一致。

步骤06 点击"滤镜"按钮，❶切换至"黑白"选项卡；❷选择"蓝调"滤镜，如图4-39所示。

图 4-38　分割多余的音频素材　　　　　　图 4-39　选择"蓝调"滤镜

步骤 07 调整滤镜的时长，使其对齐第一个小黄点，如图4-40所示。

步骤 08 使用相同的操作方法，根据小黄点的位置，为剩下的视频添加不同的滤镜，并调整滤镜的时长，使其对齐小黄点，如图4-41所示。

图 4-40　调整滤镜的时长（1）　　　　图 4-41　调整滤镜的时长（2）

步骤 09 点击"特效"按钮，执行操作后点击"画面特效"按钮，进入相应的设置界面，❶ 切换至"边框"选项卡；❷ 选择"录制边框Ⅱ"特效，如图4-42所示。

步骤 10 调整特效的持续时长，使其与视频时长保持一致，如图4-43所示。

图 4-42　选择"录制边框Ⅱ"特效　　　　图 4-43　调整特效的持续时长

4.2.3 制作边框卡点视频

【效果展示】：根据卡点音乐，在剪映中可以添加边框特效为照片制作相框效果，从而制作出边框卡点视频，让照片跟着音乐节奏一张张地定格出来，提升视频的纪念价值，如图4-44所示。

扫码看教学视频　扫码看成品效果

图 4-44　边框卡点效果展示

下面介绍在剪映中制作边框卡点视频的操作方法。

步骤01 在剪映中导入 3 张人像照片素材，点击"音频"按钮，在弹出的工具栏中点击"抖音收藏"按钮，进入"添加音乐"界面，点击所选音乐右侧的"使用"按钮，如图 4-45 所示，即可将其添加到音频轨道中。

步骤02 ❶ 选中导入的音频素材；❷ 点击"踩点"按钮，如图 4-46 所示。

步骤03 进入"踩点"设置界面，点击"添加点"按钮，在音频上添加两个小黄点，如图 4-47 所示。

步骤04 根据小黄点的位置，调整每段素材的时长，使第1段和第2段素材的结尾处分别对齐两个小黄点，使第3段素材对齐音频的结束位

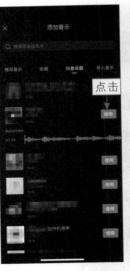 

图 4-45　点击"使用"
　　　　　按钮

图 4-46　点击"踩点"
　　　　　按钮

置，如图4-48所示。

图 4-47　添加两个小黄点

图 4-48　调整素材时长

步骤 05 ❶拖曳时间轴至第1段素材中间的位置；❷点击"分割"按钮，如图4-49所示。

步骤 06 使用相同的操作方法，分别在第2段素材和第3段素材的中间位置进行分割处理，如图4-50所示。

图 4-49　点击"分割"按钮

图 4-50　分割素材

步骤07 点击第1段素材和第2段素材之间的转场按钮▯，如图4-51所示。

步骤08 进入"转场"界面，❶在"热门"选项卡中选择"闪黑"转场；❷拖曳滑块，设置转场时长为0.1s，如图4-52所示。

图 4-51　点击相应的按钮　　　　　　　　　图 4-52　设置转场时长

步骤09 使用相同的操作方法，在第3段和第4段、第5段和第6段素材之间添加"闪黑"转场，并设置转场时长为0.1s，如图4-53所示。

步骤10 拖曳时间轴至视频的起始位置，点击"特效"按钮，如图4-54所示。

图 4-53　添加"闪黑"转场　　　　　　　　　图 4-54　点击"特效"按钮

步骤11 ❶切换至"边框"选项卡；❷选择"录制边框Ⅱ"特效，如图4-55所示。

步骤12 使用相同的操作方法，添加"牛皮纸边框Ⅱ"特效，如图4-56所示。

图 4-55 选择"录制边框Ⅱ"特效 　　　图 4-56 添加"牛皮纸边框Ⅱ"特效

步骤13 调整两段特效的位置和持续时长，使"录制边框Ⅱ"特效与第1段素材对齐，使"牛皮纸边框Ⅱ"特效与第2段素材对齐，如图4-57所示。

步骤14 使用相同的操作方法，为剩下的素材添加相应的特效，如图4-58所示。

图 4-57 调整特效的位置和持续时长 　　　图 4-58 添加相应的特效

步骤15 ❶拖曳时间轴至第1段素材结束的位置处；❷点击"音频"按钮，如图4-59所示。

步骤16 执行操作后，点击"音效"按钮进入音效设置界面，❶切换至"机械"选项卡；❷点击"拍照声1"右侧的"使用"按钮，如图4-60所示。

图 4-59　点击"音频"按钮

图 4-60　点击"使用"按钮

步骤17 使用相同的操作方法，在相应的位置再添加两个"拍照声1"音效，如图4-61所示。

步骤18 在预览区域中预览视频效果，如图4-62所示。

图 4-61　添加音效

图 4-62　预览视频效果

习题：对音频进行变速处理

【效果展示】：使用剪映可以对音频播放速度进行放慢或加快等变速处理，从而制作出一些特殊的背景音乐效果，画面效果如图4-63所示。

扫码看教学视频　扫码看成品效果

图 4-63　音频变速画面效果展示

第 5 章

智能抠像和色度抠图

本章要点：

　　"智能抠像"功能和"色度抠图"功能是剪映中的亮点。本章主要介绍运用"智能抠像"功能更换视频背景、保留人物色彩、制作人物出框视频，以及运用"色度抠图"功能制作穿越手机视频、制作开门穿越视频、制作飞机飞过视频的方法，让用户在实战中了解和掌握抠像和抠图功能，做到举一反三。

5.1　"智能抠像"功能

剪映中的"智能抠像"功能可以帮助用户轻松地抠出视频中的人物，并利用抠出来的人物制作不同的视频效果。本节介绍利用"智能抠像"功能更换视频背景、保留人物色彩和制作人物出框视频的操作方法。

5.1.1　更换视频背景

【效果展示】：在剪映中运用"智能抠像"功能可以抠出人物部分的图像，再搭配相应的背景素材，即可制作出人不变但背景变的旅游观光效果，如图5-1所示。

扫码看教学视频　　扫码看成品效果

图 5-1　更换视频背景效果展示

下面介绍在剪映中运用"智能抠像"功能更换视频背景的操作方法。

步骤01 在剪映中导入一段背景素材，点击"画中画"按钮，如图5-2所示。

步骤02 执行操作后，点击"新增画中画"按钮，如图 5-3 所示。

步骤03 ❶ 在手机相册中选择要导入的人像视频素材；❷ 点击"添加"按钮，如图 5-4 所示。

步骤04 执行操作后，即可添加画中画素材，点击"抠像"按钮，如图 5-5 所示。

图 5-2　点击"画中画"　　图 5-3　点击相应的按钮
　　　　　按钮

图 5-4　点击"添加"按钮

图 5-5　点击"抠像"按钮

步骤 05 在弹出的工具栏中点击"智能抠像"按钮，如图5-6所示。

步骤 06 抠像完成后，点击 ✓ 按钮，如图5-7所示。

图 5-6　点击"智能抠像"按钮

图 5-7　点击相应的按钮

步骤 07 在预览区域中调整人像素材的大小和位置，效果如图5-8所示。

步骤 08 调整画中画素材的时长，使其与视频素材的时长对齐，如图5-9所示。

图 5-8 调整人像素材的大小与位置　　　图 5-9 调整画中画素材时长

5.1.2 保留人物色彩

【效果展示】：在剪映中，运用"智能抠像"功能可以把人物部分的图像抠出来，再对视频进行调色，这样可以在保留人物色彩的同时改变视频背景的颜色。通过可以看到，视频中的背景从绿意盎然的夏天渐渐变成了一片苍茫的秋天，但是人物的色彩没有跟着变化，效果如图 5-10 所示。

扫码看教学视频　扫码看成品效果

图 5-10 保留人物色彩效果展示

下面介绍在剪映中运用"智能抠像"功能保留人物色彩的操作方法。

步骤01 在剪映中导入一段视频素材，点击"滤镜"按钮进入相应的设置界面，❶切换至"风景"选项卡；❷选择"橘光"滤镜，如图5-11所示。

步骤02 ❶将时间轴拖曳至滤镜效果的起始位置；❷点击"添加关键帧"按钮◈，如图5-12所示，添加一个关键帧。

图 5-11　选择"橘光"滤镜

图 5-12　点击"添加关键帧"按钮

步骤 03 点击"编辑"按钮，拖曳滑块将滤镜参数设置为0，如图5-13所示。

步骤 04 ❶将时间轴拖曳至滤镜效果的结束位置；❷点击"添加关键帧"按钮⬦，添加一个关键帧，如图5-14所示。

图 5-13　设置滤镜参数

图 5-14　添加关键帧

步骤 05 执行操作后，点击"编辑"按钮，拖曳滑块将滤镜参数设置为100，如图5-15所示。

步骤06 将时间轴拖曳至视频素材的起始位置，在主界面中点击"调节"按钮，如图5-16所示。

图 5-15　设置滤镜参数

图 5-16　点击"调节"按钮

步骤07 在弹出的工具栏中点击"新增调节"按钮，如图5-17所示。

步骤08 执行操作后，❶在"调节"界面中选择"对比度"选项；❷拖曳滑块将其参数值设置为30，增强画面的明暗对比效果，如图5-18所示。使用相同的操作方法，将"饱和度""锐化""色温"参数均设置为30，让画面更加偏暖色调，并提高画面的清晰度。

步骤09 ❶将时间轴拖曳至调节效果的结束位置；❷点击"添加关键帧"按钮◈，如图5-19所示，添加一个关键帧。

步骤10 ❶将时间轴拖曳至调节效果的起始位置；❷点击"添加关键帧"按钮◈，如图5-20所示，添加一个关键帧，将所有调节参数设置为0。

图 5-17　点击"新增调节"按钮

图 5-18　设置"对比度"参数

剪映基础教程（手机版＋电脑版）

图 5-19　点击"添加关键帧"按钮（1）　　　　图 5-20　点击"添加关键帧"按钮（2）

步骤 11　调整调节效果的时长，使其与视频素材的时长一致，如图 5-21 所示。

步骤 12　设置完成后，点击"导出"按钮，如图5-22所示，将视频导出。

图 5-21　调整调节效果时长　　　　图 5-22　点击"导出"按钮

步骤 13　①在剪映中导入上一步导出的视频素材；②将原始素材导入画中画轨道中，如图5-23所示。

步骤 14　①在预览区域中调整画中画素材的画面大小，使其铺满屏幕；②点击"抠像"按钮，如图5-24所示。

72

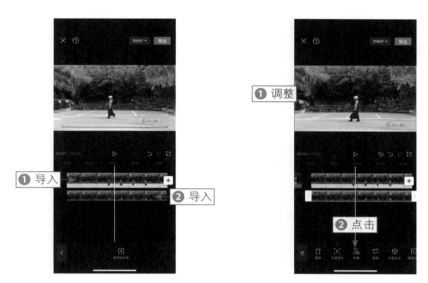

图 5-23　导入素材　　　　　　　图 5-24　点击"抠像"按钮

步骤15 点击"智能抠像"按钮，界面左侧显示抠像进度，如图5-25所示。

步骤16 抠像完成后，拖曳时间轴至第4s的位置，如图5-26所示。

图 5-25　显示抠像进度　　　　　　图 5-26　拖曳时间轴

步骤17 点击"特效"按钮进入特效设置界面，❶切换至"自然"选项卡；❷选择"落叶"特效，如图5-27所示。

步骤18 调整特效的持续时长，使其与视频素材的结束位置对齐，如图 5-28所示。

图 5-27　选择"落叶"特效　　　　图 5-28　调整特效持续时长

5.1.3　制作人物出框视频

【效果展示】：在剪映中运用"智能抠像"功能可以把人像抠出来，这样就能制作出新颖酷炫的人物出框效果。通过可以看到原本人物在相框内，伴随着炸开的星火人物出现在相框之外，非常新奇有趣，效果如图5-29所示。

扫码看教学视频　扫码看成品效果

图 5-29　人物出框视频效果展示

74

下面介绍在剪映中运用"智能抠像"功能制作人物出框视频的操作方法。

步骤 01 在剪映中导入两段视频素材，点击"比例"按钮，如图5-30所示。

步骤 02 进入"比例"界面，选择 9 ∶ 16 选项，调整画面尺寸，如图 5-31 所示。

图 5-30　点击"比例"按钮

图 5-31　选择 9 ∶ 16 选项

步骤 03 确认后返回主界面，点击"画中画"按钮，在弹出的工具栏中点击"新增画中画"按钮，导入两张图片素材并适当调整其时长与位置，使其结束位置分别与对应的视频素材结尾处对齐，如图 5-32 所示。

步骤 04 ❶ 调整视频素材画面的位置，主要显示在画面上方；❷ 选中第 1 段画中画素材；❸ 点击"抠像"按钮，如图 5-33 所示。

步骤 05 执行操作后，❶ 点击"智能抠像"按钮；❷ 在预览区域中调整人像的大小和位置，如图 5-34 所示。

图 5-32　调整素材的时长与位置

图 5-33　点击"抠像"按钮

步骤 06 点击"动画"按钮，❶在"入场动画"选项卡中选择"向左转入"

动画；❷拖曳滑块，设置动画时长为1.0s，如图5-35所示。

图 5-34　调整人像位置

图 5-35　设置动画时长

步骤07 使用相同的操作方法，抠出第2段画中画素材的人像，并调整其画面大小和位置，如图5-36所示。

步骤08 ❶为第2段画中画素材添加"向右转入"入场动画；❷设置动画时长为1.0s，如图5-37所示。

图 5-36　调整人像的位置

图 5-37　设置动画时长

步骤09 拖曳时间轴至视频素材的起始位置，点击"特效"按钮进入特效设置界面，①切换至"氛围"选项卡；②选择"关月亮"特效，如图5-38所示。

步骤10 使用相同的操作方法，添加"星火炸开"特效，如图5-39所示。

图 5-38　选择"关月亮"特效

图 5-39　添加"星火炸开"特效

步骤11 调整两个特效的位置，使"关月亮"特效结束的位置与第 1 段画中画素材的起始位置对齐，使"星火炸开"特效与第 1 段画中画素材的位置对齐，如图 5-40 所示。

步骤12 使用相同的操作方法为第2段视频素材和第2段画中画素材添加"关月亮"特效和"星火炸开"特效，并适当调整特效的持续时长和位置，如图5-41所示。

5.2　"色度抠图"功能

使用"色度抠图"功能可以抠除视频中不需要的色彩，从而留下想要的视频画面。本节介绍运用"色度抠图"功能制作穿越手机视频、

图 5-40　调整特效的位置

图 5-41　调整特效的持续时长和位置

开门穿越视频和飞机飞过视频的操作方法。

5.2.1 制作穿越手机视频

【效果展示】：运用"色度抠图"功能可以套用很多素材，比如穿越手机这个素材，可以让画面从手机中切换出来，效果如图5-42所示。

扫码看教学视频　　扫码看成品效果

图 5-42　穿越手机视频效果展示

下面介绍在剪映中运用"色度抠图"功能制作穿越手机视频的操作方法。

步骤01 在剪映中导入一段视频素材，点击"画中画"按钮，如图 5-43 所示。

步骤02 点击"新增画中画"按钮，❶在手机相册中选择要导入的视频素材；❷点击"添加"按钮，如图5-44所示。

图 5-43　点击"画中画"按钮　　　　　图 5-44　点击"添加"按钮

步骤03 导入画中画素材后，点击"抠像"按钮，在弹出的工具栏中点击

"色度抠图"按钮,如图5-45所示。

步骤 04 拖曳"取色器"圆环,取样画面中的绿色,如图5-46所示。

图 5-45 点击"色度抠图"按钮

图 5-46 取样绿色

步骤 05 拖曳"强度"滑块,设置其参数值为100,如图5-47所示。

步骤 06 拖曳"阴影"滑块,设置其参数值为100,如图5-48所示。

图 5-47 设置"强度"参数

图 5-48 设置"阴影"参数

步骤 07 在预览区域中调整画中画素材的大小与位置,如图5-49所示。

步骤 08 在预览区域中，预览视频效果，如图5-50所示。

图 5-49　调整画中画的大小和位置

图 5-50　预览视频效果

5.2.2　制作开门穿越视频

【效果展示】：将"色度抠图"功能与绿幕素材搭配可以制作出意想不到的视频效果。比如，开门穿越这个素材，就能给人期待感，到视频出现变化的时候，给人眼前一亮的效果，如图5-51所示。

扫码看教学视频　　扫码看成品效果

图 5-51　开门穿越视频效果展示

下面介绍在剪映中运用"色度抠图"功能制作开门穿越视频的操作方法。

步骤 01 在剪映中导入一段视频素材，点击"画中画"按钮，在弹出的工具栏中点击"新增画中画"按钮，如图5-52所示。

步骤 02 ❶在手机相册中选择要导入的视频素材；❷点击"添加"按钮，如

图5-53所示。

图 5-52　点击"新增画中画"按钮

图 5-53　点击"添加"按钮

步骤 03 在预览区域中调整画中画素材的画面大小，使其铺满屏幕，如图5-54所示。

步骤 04 点击"抠像"按钮，在弹出的工具栏中点击"色度抠图"按钮，进入抠图界面，拖曳"取色器"圆环，取样画面中的绿色，如图5-55所示。

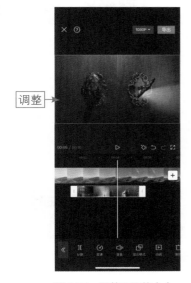

图 5-54　调整画面的大小

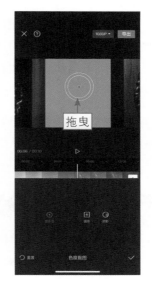

图 5-55　取样绿色

剪映基础教程（手机版＋电脑版）

步骤05 拖曳滑块，设置"强度"和"阴影"参数均为100，如图5-56所示。

步骤06 拖曳画中画轨道中的素材，调整其位置，使其起始位置与视频素材的起始位置对齐，如图5-57所示。

图 5-56　设置"强度"和"阴影"参数

图 5-57　调整画中画素材的位置

5.2.3　制作飞机飞过视频

【效果展示】：剪映的素材库提供了很多绿幕素材，用户可以直接使用相应的绿幕素材做出满意的视频效果。例如，使用飞机飞过绿幕素材就可以轻松制作出飞机飞过眼前的视频效果，如图 5-58 所示。

扫码看教学视频　扫码看成品效果

图 5-58　飞机飞过视频效果展示

下面介绍在剪映中运用"色度抠图"功能制作飞机飞过视频的操作方法。

步骤01 在剪映中导入一段视频素材，点击素材右侧的 + 按钮，如图5-59所示。

步骤02 进入"素材库"界面，点击"绿幕"选项卡，如图5-60所示。

图 5-59　点击相应的按钮

图 5-60　点击"绿幕"选项卡

步骤03 ❶切换至"绿幕"选项卡；❷选择相应的绿幕素材；❸点击"添加"按钮，如图5-61所示。

步骤04 ❶选中绿幕素材；❷点击"切画中画"按钮，如图5-62所示。

图 5-61　点击"添加"按钮

图 5-62　点击"切画中画"按钮

步骤 05 将绿幕素材切换至画中画轨道中，点击"抠像"按钮，如图 5-63 所示。

步骤 06 点击"色度抠图"按钮进入抠图界面，拖曳取色器，取样画面中的绿色，如图5-64所示。

图 5-63 点击"抠像"按钮

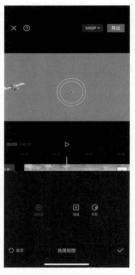

图 5-64 取样绿色

步骤 07 拖曳滑块，设置"强度"和"阴影"参数均为100，如图5-65所示。

步骤 08 在预览区域中，调整绿幕素材的位置与大小，如图5-66所示。

图 5-65 设置"强度"和"阴影"参数

图 5-66 调整绿幕素材的位置与大小

习题：制作局部抠图效果

扫码看教学视频　扫码看成品效果

【效果展示】：利用剪映的"智能抠像"功能可以将视频中的人像部分抠出来，并将抠出来的人像放到新的背景视频中，制作出特殊的视频效果，如图 5-67 所示。

图 5-67　预览视频效果

第 6 章
蒙版合成和关键帧

本章要点：

　　"蒙版"和"关键帧"功能是制作视频不可缺少的功能，掌握这些功能的应用技巧能做出各种有亮点的视频。本章主要介绍运用"线性"蒙版制作调色效果对比视频、运用"矩形"蒙版遮盖水印、运用多种蒙版制作卡点视频、运用"关键帧"功能让照片变成视频和制作滑屏Vlog视频的方法，帮助大家制作更多出彩的视频。

6.1　蒙版

剪映中的"蒙版"一共有6种样式，分别是"线性""镜面""圆形""矩形""爱心""星形"，运用不同样式的"蒙版"可以制作出不同的视频效果。

6.1.1　制作调色效果对比

【效果展示】：在剪映中运用"线性"蒙版可以制作调色滑屏对比视频，将调色前和调色后的两个视频合成在一个视频场景中，随着蒙版线的移动，调色前的视频画面逐渐消失，调色后的视频画面逐渐显现，效果如图6-1所示。

扫码看教学视频　　扫码看成品效果

图 6-1　调色效果对比展示

下面介绍在剪映中运用"线性"蒙版制作调色对比效果视频的方法。

步骤01 在剪映中导入一段调色前的视频素材，点击"画中画"按钮，如图6-2所示。

步骤02 在弹出的工具栏中点击"新增画中画"按钮，进入手机相册界面，❶ 选择调色后的视频素材；❷ 点击"添加"按钮，如图6-3所示，即可将视频导入。

步骤03 调整画中画素材的画面大小，使其铺满屏幕，如图6-4所示。

图 6-2　点击"画中画"　　图 6-3　点击"添加"
　　　　　按钮　　　　　　　　　　按钮

步骤 **04** 执行操作后，点击"蒙版"按钮，如图6-5所示。

图 6-4 调整画面大小

图 6-5 点击"蒙版"按钮

步骤 **05** 进入"蒙版"界面，选择"线性"蒙版，如图6-6所示。

步骤 **06** 旋转蒙版线，将其角度调整为-90°，如图6-7所示。

图 6-6 选择"线性"蒙版

图 6-7 调整蒙版线角度

步骤 **07** ❶拖曳时间轴至画中画素材的起始位置；❷点击"添加关键帧"按钮◇，添加关键帧，如图6-8所示。

步骤 **08** 拖曳蒙版线至视频的最左侧，如图6-9所示。

图 6-8 添加关键帧

图 6-9 拖曳蒙版线

步骤 09 ❶拖曳时间轴至画中画素材结束的位置；❷点击"添加关键帧"按钮◆，如图6-10所示，添加关键帧。

步骤 10 在预览区域中，拖曳蒙版线至视频的最右侧，如图6-11所示。

图 6-10 添加关键帧

图 6-11 拖曳蒙版线

6.1.2　遮盖视频中的水印

【效果展示】：在剪映中运用"矩形"蒙版可以遮盖视频中的水印，让水印不那么清晰，甚至还能去除水印，效果如图6-12所示。

扫码看教学视频　扫码看成品效果

图 6-12　遮盖水印效果展示

下面介绍在剪映中运用"矩形"蒙版遮盖视频水印的操作方法。

步骤01 在剪映中导入一段视频素材，点击"特效"按钮，如图6-13所示。

步骤02 进入"特效"界面，❶切换至"基础"选项卡；❷选择"模糊"特效，如图6-14所示。

图 6-13　点击"特效"按钮　　　　图 6-14　选择"模糊"特效

步骤03 ❶调整特效的持续时长，使其与视频时长一致；❷点击"导出"按钮，如图6-15所示，导出视频。

步骤 04 ①将原始视频素材导入到视频轨道中；②将上一步添加特效后导出的视频素材导入至画中画轨道中，如图6-16所示。

步骤 05 点击"蒙版"按钮，如图6-17所示，选择"矩形"蒙版。

图 6-15 点击"导出"按钮　　　　　　　　图 6-16 导入素材

步骤 06 调整蒙版的大小和位置，使其盖住水印，如图6-18所示。

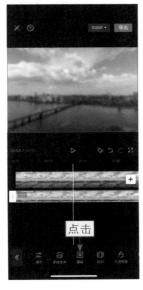

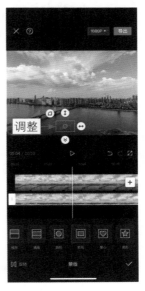

图 6-17 点击"蒙版"按钮　　　　　　　　图 6-18 调整蒙版的大小和位置

6.1.3　制作唯美卡点视频

【效果展示】：在剪映中，用户可以运用多种蒙版制作卡点视频。在本实例中可以看到，随着音乐节奏的变化，蒙版的大小和位置也在改变，视频画面的色彩也随之变化，效果如图6-19所示。

扫码看教学视频　扫码看成品效果

图 6-19　唯美卡点视频效果展示

下面介绍在剪映中运用多种蒙版制作唯美卡点视频的操作方法。

步骤01 ❶在剪映中导入相应的图片素材；❷将后面的4段素材切换至画中画轨道，如图6-20所示。

步骤02 调整画中画素材的画面大小，使其铺满屏幕，如图6-21所示。

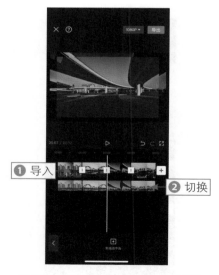 

图 6-20　导入素材并切换至画中画轨道　　图 6-21　调整画面大小

步骤03 点击"音频"按钮，添加合适的背景音乐，如图6-22所示。

步骤 04 ❶选择音频素材；❷点击"踩点"按钮，如图6-23所示。

图 6-22　添加背景音乐

图 6-23　点击"踩点"按钮

步骤 05 根据音乐节奏，为音频添加小黄点，完成后返回上一级，如图6-24所示。

步骤 06 ❶分割出多余的音频素材；❷点击"删除"按钮，如图6-25所示。

图 6-24　完成踩点

图 6-25　点击"删除"按钮

步骤 07 执行操作后，即可删除多余的音频，根据音频上小黄点的位置，调整视频素材和画中画素材的时长和位置，如图6-26所示。

步骤08 ❶选中第1段画中画素材；❷点击"蒙版"按钮，如图6-27所示。

图 6-26　调整素材时长和位置　　　　　图 6-27　点击"蒙版"按钮

步骤09 ❶选择"圆形"蒙版；❷调整蒙版的大小，使其最小化，如图6-28所示。

步骤10 在素材的起始位置，点击"添加关键帧"按钮，如图6-29所示。

图 6-28　调整蒙版的大小　　　　　　　图 6-29　点击"添加关键帧"按钮

步骤 11 ❶将时间轴拖曳至第1段画中画素材结束的位置；❷点击"添加关键帧"按钮◇，如图6-30所示，添加关键帧。

步骤 12 调整蒙版大小，使其最大化，如图6-31所示。

图 6-30　添加关键帧　　　　　　　　图 6-31　调整蒙版的大小

步骤 13 使用相同的操作方法，为剩下的3段画中画素材添加相应的蒙版，并设置关键帧动画，效果如图6-32所示。

图 6-32　为其他素材制作蒙版动画效果

6.2 关键帧功能

关键帧是指在视频素材中指定一个时间节点，然后在这个时间节点上对素材进行编辑，改变其效果，在播放这一素材时，只有时间节点走到这个关键帧才能触发这一效果。运用剪映的"关键帧"功能，可以制作出许多富有变化的视频效果。

6.2.1 让照片变成动态视频

【效果展示】：在剪映中运用"关键帧"功能可以让照片变成动态的视频，方法也非常简单，效果如图6-33所示。

扫码看教学视频　扫码看成品效果

图 6-33　照片变成动态视频效果展示

下面介绍在剪映中运用"关键帧"功能让照片变成动态视频的操作方法。

步骤 01 在剪映中导入一张照片素材，将其时长设置为6s，如图6-34所示。

步骤 02 点击"比例"按钮进入其界面，❶选择9∶16选项；❷点击✓按钮，如图6-35所示，调整素材的尺寸比例。

步骤 03 调整素材画面的大小，使其铺满屏幕，❶调整画面位置，使画面最左侧为视频的起始位置；

图 6-34　设置素材时长　　图 6-35　点击相应的按钮

❷点击"添加关键帧"按钮 ，如图6-36所示，添加关键帧。

步骤 04 ❶拖曳时间轴至视频素材结束的位置；❷调整画面位置，使画面最右侧为视频结束的位置，如图6-37所示。

图 6-36 点击"添加关键帧"按钮

图 6-37 调整画面位置

步骤 05 在主界面中点击"贴纸"按钮进入其界面，❶切换至"界面元素"选项卡；❷选择相应贴纸，如图6-38所示。

步骤 06 在主界面中点击"音频"按钮，添加合适的背景音乐，如图6-39所示。

图 6-38 选择相应的贴纸

图 6-39 添加背景音乐

6.2.2 制作滑屏Vlog视频

【效果展示】：在剪映中运用"关键帧"功能可以制作滑屏Vlog视频，让视频中有视频，效果如图6-40所示。

扫码看教学视频　扫码看成品效果

图 6-40　滑屏 Vlog 视频效果展示

下面介绍在剪映中运用"关键帧"功能制作滑屏Vlog视频的操作方法。

步骤01 在剪映中导入第1段视频素材，如图6-41所示。

步骤02 将第2段、第3段和第4段素材导入至多条画中画轨道中，如图6-42所示。

图 6-41　导入视频素材　　　　　　图 6-42　将素材导入至画中画轨道

步骤03 点击"比例"按钮进入其界面，选择9：16选项，如图6-43所示。

步骤04 在预览区域中，调整4段视频素材的画面位置和大小，如图6-44所示。

图 6-43　选择 9：16 选项

图 6-44　调整素材的画面位置和大小

步骤05 返回主界面，点击"背景"按钮，在弹出的工具栏中点击"画布模糊"按钮，❶选择第4种模糊样式；❷点击"导出"按钮，如图6-45所示。

步骤06 在剪映中导入上一步导出的视频素材，点击"比例"按钮进入其界面，选择16：9选项，如图6-46所示。

图 6-45　点击"导出"按钮

图 6-46　选择 16：9 选项

步骤07 确认后返回主界面，点击"背景"按钮，在弹出的工具栏中点击"画布模糊"按钮，选择第2种模糊样式，如图6-47所示。

步骤08 ❶调整画面的大小和位置，使画面最上面为视频的起始；❷点击"添加关键帧"按钮◇，如图6-48所示，添加关键帧。

图 6-47　选择模糊样式　　　　　　　图 6-48　点击"添加关键帧"按钮

步骤09 拖曳时间轴至视频素材结束的位置，调整素材的画面位置，使画面最下面为视频的末尾，如图6-49所示。

步骤10 返回主界面，拖曳时间轴至视频素材的起始位置，点击"文本"按钮，如图6-50所示。

图 6-49　调整素材的画面位置　　　　　图 6-50　点击"文本"按钮

步骤 11 ❶切换至"文字模板"选项卡；❷选择相应的文字模板；❸输入文本内容；❹调整文字的大小与位置，如图6-51所示。

步骤 12 调整文字的持续时长，使其与视频素材时长一致，如图6-52所示。

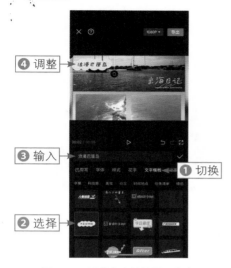

图 6-51　调整文字的位置和大小　　　　　图 6-52　调整文字持续时长

习题：制作自己给自己拍照打卡视频

【效果展示】：在剪映中使用剪映的"镜面"蒙版功能，可以制作自己给自己拍照打卡的人物分身画面效果，效果如图6-53所示。

扫码看教学视频　　扫码看成品效果

图 6-53　自己给自己拍照打卡视频效果展示

第7章

设置视频转场

本章要点:

　　由多个素材组成的视频少不了转场，精彩的转场能为视频增色，还能使镜头过渡更加自然，是剪辑视频必学的一个技巧。本章主要介绍设置剪映自带的转场，以及制作笔刷转场、撕纸转场和曲线变速转场的操作方法。大咖的视频和电影镜头都使用了高级转场，转场越炫酷、自然，视频画面就越流畅。

7.1　认识和设置转场

剪映提供了许多不同类型的转场效果，如"叠化转场""运镜转场""模糊转场""幻灯片转场""光效转场"等。为视频添加合适的转场效果，能增加很多亮点。

7.1.1　添加和删除转场

下面介绍在剪映中如何为视频添加和删除转场效果。

[步骤01] 在剪映中导入两张图片素材，点击两段素材之间的 囗 按钮，如图7-1所示，进入"转场"界面。

[步骤02] ❶切换至"幻灯片"选项卡，查看不同的幻灯片转场

扫码看教学视频

效果；❷选择"圆形遮罩"转场效果；❸点击✓按钮确认操作，如图7-2所示。

图 7-1　点击相应的按钮

图 7-2　确认操作

[步骤03] 执行操作后，点击转场按钮⋈，如图7-3所示，进入"转场"界面。

[步骤04] 点击⊘按钮，删除转场效果，如图 7-4 所示，点击✓按钮确认操作。

图 7-3　点击相应的按钮　　　　　　图 7-4　删除转场效果

7.1.2　设置自带的转场

【效果展示】：为视频添加合适的转场效果，
并设置转场的持续时长，可以让素材之间的切换更
流畅，增加视频的趣味性，效果如图7-5所示。

扫码看教学视频　扫码看成品效果

图 7-5　设置剪映自带的转场效果展示

下面介绍在剪映中设置自带转场的操作方法。

步骤01 在剪映中导入两段视频素材，点击素材中间的 按钮，如图7-6所示。

步骤02 进入"转场"界面，❶切换至"叠化"选项卡；❷选择"云朵"转
场效果；❸拖曳滑块，将转场时长设置为2.0s，如图7-7所示。

步骤03 返回主界面，点击"音频"按钮，添加合适的背景音乐，如图7-8
所示。

步骤04 在预览区域中，预览视频效果，如图7-9所示。

图 7-6　点击相应的按钮

图 7-7　设置转场时长

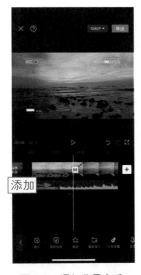

图 7-8　添加背景音乐

图 7-9　预览视频效果

7.2　制作视频转场

　　除了剪映自带的转场，用户还可以利用剪映的"色度抠图"功能和"变速"功能制作其他的转场效果。本节介绍在剪映中利用"色度抠图"功能制作笔刷转场和撕纸转场、利用"变速"功能制作曲线变速转场的操作方法。

7.2.1 制作笔刷转场

【效果展示】：第 5 章中介绍过"色度抠图"功能的使用技巧，下面主要用这个功能来设置转场，制作涂抹画面般的笔刷转场，效果如图 7-10 所示。

扫码看教学视频　扫码看成品效果

图 7-10　笔刷转场效果展示

下面介绍在剪映中制作笔刷转场效果的操作方法。

步骤01 ❶在剪映中导入一段视频素材；❷将绿幕素材导入画中画轨道，如图7-11所示。

步骤02 ❶在预览区域中调整绿幕素材的画面大小，使其铺满屏幕；❷调整画中画素材的位置，使其结束的位置与视频素材结束的位置对齐，如图7-12所示。

图 7-11　导入绿幕素材

图 7-12　调整画中画素材的位置

步骤03 ❶选中画中画素材；❷点击"抠像"按钮，如图7-13所示。

步骤04 在弹出的工具栏中点击"色度抠图"按钮，如图7-14所示。

图 7-13　点击"抠像"按钮

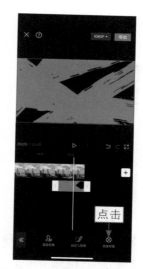

图 7-14　点击"色度抠图"按钮

步骤 05 进入"色度抠图"界面，拖曳取色器取样画面中的黑色，如图7-15 所示。

步骤 06 ❶设置"强度"参数为100；❷点击☑按钮；❸点击"导出"按 钮，如图7-16所示，导出视频。

图 7-15　取样黑色

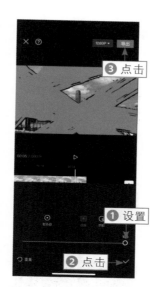

图 7-16　点击"导出"按钮

步骤 07 ❶在剪映中导入第2段视频素材；❷将上一步导出的视频素材导入 画中画轨道，如图7-17所示。

剪映基础教程（手机版＋电脑版）

步骤08 在预览区域中调整画中画视频的画面大小，使其铺满屏幕，如图7-18所示。

图 7-17　导入相应的素材

图 7-18　调整视频画面的大小

步骤09 ❶拖曳时间轴至画中画素材画面出现绿幕的位置；❷选中画中画素材；❸点击"抠像"按钮，如图7-19所示。

步骤10 在弹出的工具栏中点击"色度抠图"按钮，进入"色度抠图"界面，拖曳取色器，取样画面中的绿色，如图7-20所示。

图 7-19　点击"抠像"按钮

图 7-20　取样绿色

步骤**11** 拖曳滑块，设置"强度"和"阴影"参数均为100，如图7-21所示。

步骤**12** 返回主界面，点击"音频"按钮，添加背景音乐，如图7-22所示。

图 7-21　设置"强度"和"阴影"参数　　　　图 7-22　添加背景音乐

7.2.2　制作撕纸转场

【效果展示】：撕纸转场的效果非常形象逼真，用在同一场景日夜变换视频中的效果会更好，如图7-23所示。

扫码看教学视频　扫码看成品效果

图 7-23　撕纸转场效果展示

下面介绍在剪映中制作撕纸转场的操作方法。

步骤**01** ❶在剪映中导入一段视频素材；❷将绿幕素材导入画中画轨道，如图7-24所示。

步骤**02** ❶在预览区域中调整画中画素材的画面大小，使其铺满屏幕；❷拖曳画中画素材，使其结束的位置与视频素材结束的位置对齐，如图7-25所示。

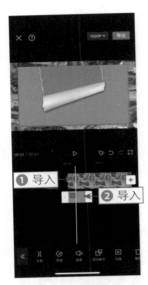

图 7-24 导入视频素材

图 7-25 拖曳画中画素材

步骤 03 ❶选中画中画素材；❷点击"抠像"按钮，如图7-26所示，在弹出的工具栏中点击"色度抠图"按钮。

步骤 04 进入"色度抠图"界面，拖曳取色器，取样浅绿色，如图 7-27 所示。

图 7-26 点击"抠像"按钮

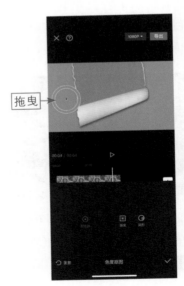

图 7-27 取样浅绿色

步骤 05 拖曳"强度"滑块，设置其参数值为6，如图7-28所示。

步骤06 拖曳"阴影"滑块,设置其参数值为100,如图7-29所示。

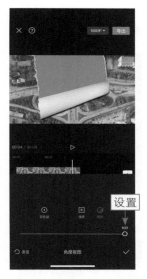

图 7-28 设置"强度"参数　　　　　　　　图 7-29 设置"阴影"参数

步骤07 确认操作后,点击"导出"按钮,如图7-30所示,导出视频。

步骤08 ❶在剪映中导入第2段视频素材;❷将上一步导出的视频素材导入画中画轨道;❸在预览区域中调整画中画素材的画面大小,如图7-31所示。

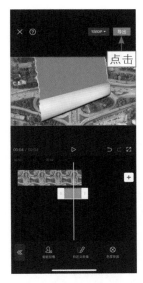

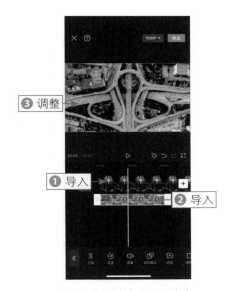

图 7-30 导出视频素材　　　　　　　　图 7-31 调整视频画面大小

步骤09 ❶拖曳时间轴至画中画素材结束的位置;❷选中画中画素材;❸点

111

击"抠像"按钮，如图7-32所示。

步骤10 在弹出的工具栏中点击"色度抠图"按钮，进入相应的界面，拖曳取色器，取样画面中的深绿色，如图7-33所示。

图 7-32 点击"抠像"按钮

图 7-33 取样深绿色

步骤11 拖曳滑块，设置"强度"和"阴影"参数均为100，如图7-34所示。

步骤12 返回主界面，点击"音频"按钮，添加背景音乐，如图7-35所示。

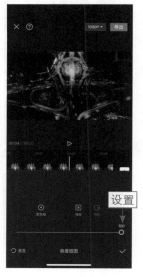

图 7-34 设置相应的参数

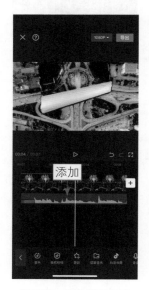

图 7-35 添加背景音乐

7.2.3　制作曲线变速转场

【效果展示】：曲线变速转场能让视频之间的过渡变得更自然，很适合用在运镜角度差不多的视频中，效果如图7-36所示。

扫码看教学视频　扫码看成品效果

图 7-36　曲线变速转场效果展示

下面介绍在剪映中制作曲线变速转场效果的操作方法。

步骤 01 在剪映中导入两段视频素材，如图7-37所示。

步骤 02 ❶选择第1段视频素材；❷点击"变速"按钮，如图7-38所示。

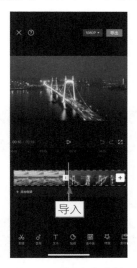 

图 7-37　导入视频素材　　　　图 7-38　点击"变速"按钮

步骤 03 在弹出的工具栏中点击"曲线变速"按钮，如图7-39所示。

步骤 04 进入"曲线变速"界面，选择"自定"选项，如图7-40所示。

步骤 05 点击"点击编辑"按钮，进入"自定"界面，❶调整变速点的位置，调整前面两个变速点为0.5x，后面3个变速点为10x；❷选中"智能补帧"复选框，如图7-41所示，点击 ☑ 按钮确认操作。

图 7-39　点击"曲线变速"按钮

图 7-40　选择"自定"选项（1）

图 7-41　选中"智能补帧"复选框（1）

步骤06 ❶选中第2段视频素材；❷选择"自定"选项，如图7-42所示。

步骤07 点击"点击编辑"按钮，进入"自定"界面，❶调整变速点的位置，调整前面3个变速点为10x，后面2个变速点为0.5x；❷选中"智能补帧"复选框，如图7-43所示，点击✓按钮确认操作。

步骤08 点击"音频"按钮，添加合适的背景音乐，如图7-44所示。

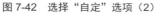
图 7-42　选择"自定"选项（2）

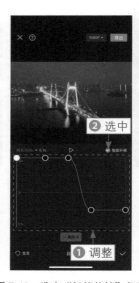
图 7-43　选中"智能补帧"复选框（2）

图 7-44　添加背景音乐

习题：制作翻页转场

【效果展示】：翻页转场主要使用剪映的"翻页"转场来实现，模拟翻书般的视频场景切换效果，如图7-45所示。

扫码看教学视频　扫码看成品效果

图 7-45　翻页转场效果展示

第 8 章

制作片头片尾

本章要点：

　　一个完美的片头能够吸引观众继续观看视频，一个有特色的片尾不仅能让观众意犹未尽，还能让观众记住作者的名字。本章主要介绍添加自带的片头片尾、制作文字消散片头、制作电影开幕片头、制作闭幕片尾、制作字幕拉升片尾的方法，帮助大家制作出各种风格的片头片尾，让你视频的前后片段更出色。

8.1　添加片头片尾

剪映自带一个种类丰富、数量繁多的素材库，方便用户进行短视频的创作。用户都希望自己的视频有好看的片头片尾，最简单的方法就是在剪映素材库中挑选合适的片头片尾，本节将介绍具体的方法。

8.1.1　了解剪映自带的片头片尾

在剪映中导入一段视频素材，点击 + 按钮，如图8-1所示。

进入"素材库"界面，切换至"片头"选项卡，即可查看片头素材，如图8-2所示。

扫码看教学视频

图 8-1　点击相应的按钮

图 8-2　查看片头素材

选中相应的视频素材，即可放大预览素材，点击"添加"按钮，如图8-3所示，将片头素材导入视频轨道。

拖曳时间轴至视频的结束位置，再次点击 + 按钮，进入"素材库"界面，❶ 切换至"片尾"选项卡；❷ 选中相应的片尾素材；❸ 点击"添加"按钮，如图 8-4 所示，即可为视频添加片尾。

117

图 8-3　点击"添加"按钮

图 8-4　点击"添加"按钮

如果用户对添加的片尾不满意，❶可以选中片尾素材；❷点击"删除"按钮，如图8-5所示，即可删除片尾。删除片头素材也使用同样的操作方法，如图8-6所示。

图 8-5　点击"删除"按钮

图 8-6　删除片头素材

8.1.2　添加剪映自带的片头片尾

【效果展示】：为视频添加片头片尾可以让视频效果更完整，而且好的片头可以增加观众的好奇心和期待感，好的片尾则可以为观众留下回味的时间，效果如图8-7所示。

扫码看教学视频　　扫码看成品效果

图 8-7　添加自带的片头片尾效果展示

下面介绍在剪映中添加自带的片头片尾的操作方法。

步骤01 ❶在剪映中导入一段视频素材；❷点击＋按钮，如图8-8所示。

步骤02 进入"素材库"界面，切换至"片头"选项卡，如图8-9所示。

图 8-8　点击相应的按钮　　　　　　图 8-9　切换至"片头"选项卡

步骤03 ❶选中相应的片头素材；❷点击"添加"按钮，如图8-10所示。

步骤04 拖曳时间轴至视频素材结束的位置，使用相同的操作方法添加片尾素材，如图8-11所示。

剪映基础教程（手机版＋电脑版）

图 8-10　点击"添加"按钮

图 8-11　添加片尾素材

步骤05 点击"音频"按钮，为视频添加背景音乐，如图8-12所示。

步骤06 在预览区域中，预览视频效果，如图8-13所示。

图 8-12　添加背景音乐

图 8-13　预览视频效果

8.2　制作片头片尾

　　如果用户想拥有与众不同的片头或片尾，可以利用剪映中的多种功能制作个性化的片头或片尾效果。本节介绍在剪映中利用"混合模式"功能制作文字消散片头、利用"开幕"特效制作电影开幕片头、利用"闭幕"特效制作闭幕片尾、利用"关键帧"功能制作字幕拉升片尾的操作方法。

8.2.1　制作文字消散片头

【效果展示】：在剪映中利用消散粒子素材和"混合模式"功能就能制作出文字消散片头，画面非常唯美，效果如图8-14所示。

扫码看教学视频　　扫码看成品效果

图 8-14　文字消散片头效果展示

下面介绍在剪映中制作文字消散片头效果的操作方法。

步骤01 在剪映中导入一段视频素材，点击"文本"按钮，如图8-15所示。

步骤02 在弹出的工具栏中点击"新建文本"按钮，如图8-16所示，进入其界面。

图 8-15　点击"文本"按钮　　　　　　图 8-16　点击"新建文本"按钮

步骤03 ❶输入相应的文字内容；❷选择合适的字体；❸调整文字的大小，如图8-17所示。

步骤04 ❶切换至"动画"选项卡；❷在"入场"选项区中选择"打字机Ⅱ"动画；❸设置动画时长为1.0s，如图8-18所示。

图 8-17 调整文字的大小

图 8-18 设置动画时长（1）

步骤05 ❶切换至"出场"选项区；❷选择"羽化向右擦除"动画；❸设置动画时长为2.5s，如图8-19所示。

步骤06 将消散粒子素材导入画中画轨道，拖曳画中画素材，使其结束的位置与文字结束的位置对齐，如图8-20所示。

步骤07 ❶调整消散粒子素材的位置和大小；❷点击"混合模式"按钮，如图8-21所示。

步骤08 进入"混合模式"界面，选择"滤色"混合模式，如图8-22所示。

图 8-19 设置动画时长（2）

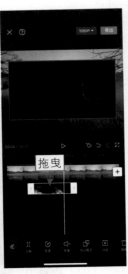

图 8-20 拖曳画中画素材

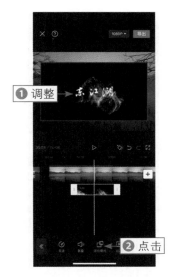

图 8-21　点击"混合模式"按钮　　　图 8-22　选择"滤色"混合模式

8.2.2　制作电影开幕片头

【效果展示】：用户可以在剪映的"特效"面板中挑选喜欢的特效，丰富视频内容。例如，利用"开幕"特效可以制作电影开幕片头，再搭配相应的文字，大片感十足，效果如图8-23所示。

扫码看教学视频　扫码看成品效果

图 8-23　电影开幕片头效果展示

下面介绍在剪映中利用"开幕"特效制作电影开幕片头效果的操作方法。

步骤 01 在剪映中导入一段视频素材，点击"特效"按钮，如图8-24所示。

步骤 02 在弹出的工具栏中点击"画面特效"按钮，如图8-25所示。

图 8-24　点击"特效"按钮

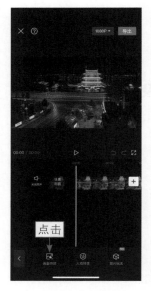

图 8-25　点击"画面特效"按钮

步骤03 ❶切换至"基础"选项卡；❷选择"开幕"特效，如图8-26所示。

步骤04 确认操作后返回主界面，点击"文本"按钮，如图8-27所示。

图 8-26　选择"开幕"特效

图 8-27　点击"文本"按钮

步骤05 在弹出的工具栏中点击"新建文本"按钮，如图8-28所示。

步骤06 ❶输入相应的文字内容；❷选择合适的字体，如图8-29所示。

图 8-28　点击"新建文本"按钮

图 8-29　选择合适的字体

步骤 07 ❶切换至"动画"选项卡；❷选择"弹入"入场动画；❸设置动画时长为1.0s，如图8-30所示。

步骤 08 ❶切换至"出场"选项区；❷选择"溶解"动画，如图8-31所示。

图 8-30　设置动画时长

图 8-31　选择"溶解"动画

8.2.3　制作闭幕片尾

【效果展示】：剪映的"特效"面板中有多种闭幕特效供用户选择。例如，利用"闭幕"特效可以制作闭幕片尾，效果如图8-32所示。

扫码看教学视频　扫码看成品效果

图 8-32　闭幕片尾效果展示

下面介绍在剪映中制作闭幕片尾效果的操作方法。

步骤01 在剪映中导入一段视频素材，点击"文本"按钮，如图8-33所示。

步骤02 在弹出的工具栏中点击"新建文本"按钮，进入相应的界面，❶输入文字内容；❷选择合适的字体，如图8-34所示。

图 8-33　点击"文本"按钮　　　　图 8-34　选择字体

步骤03 ❶切换至"样式"选项卡；❷选择合适的预设样式，如图8-35所示。

步骤04 ❶调整文字的大小；❷调整文字的持续时长，如图8-36所示。

图 8-35　选择预设样式

图 8-36　调整文字的持续时长

步骤 05 执行操作后，点击"动画"按钮，如图 8-37 所示，进入动画选择界面。

步骤 06 在"入场"选项区中选择"溶解"动画，如图8-38所示。

图 8-37　点击"动画"按钮

图 8-38　选择"溶解"动画

步骤 07 ❶切换至"出场"选项区；❷选择"渐隐"动画，如图8-39所示。

步骤 08 ❶拖曳时间轴至第11s的位置；❷点击"特效"按钮，如图8-40所示。

图8-39 选择"渐隐"动画

图8-40 点击"特效"按钮

步骤09 进入"特效"界面，❶切换至"基础"选项卡；❷选择"闭幕"特效，如图8-41所示。

步骤10 调整特效的持续时长，使其与视频结束的位置对齐，如图8-42所示。

图8-41 选择"闭幕"特效

图8-42 调整特效持续时长

步骤11 点击预览区域的全屏按钮 ![icon]，即可全屏预览视频效果，如图8-43所示。

图 8-43 预览视频效果

8.2.4 制作字幕拉升片尾

【效果展示】：字幕拉升片尾主要是运用"文本"功能和"关键帧"功能制作出来的，有一种剧情结束的感觉，效果如图8-44所示。

扫码看教学视频　扫码看成品效果

图 8-44 字幕拉升片尾效果展示

下面介绍在剪映中制作字幕拉升片尾效果的操作方法。

步骤01 在剪映中导入一段视频素材，❶ 选中视频素材；❷ 点击"添加关键帧"按钮◊，如图 8-45所示，添加一个关键帧。

步骤02 ❶ 拖曳时间轴至第 4s的位置；❷ 点击"添加关键帧"按钮◊，如图 8-46 所示，添加一个关键帧。

步骤03 在预览区域中，调整视频画面的大小和位置，如图8-47所示。

图 8-45 点击"添加关键帧"按钮（1）

图 8-46 点击"添加关键帧"按钮（2）

129

步骤 04 ❶拖曳时间轴至第2s的位置；❷点击"文本"按钮，如图8-48所示。

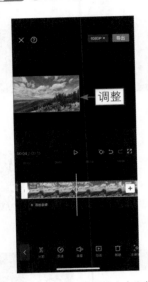

图 8-47　调整视频画面的大小和位置　　　　图 8-48　点击"文本"按钮

步骤 05 在弹出的工具栏中点击"新建文本"按钮，如图8-49所示。

步骤 06 ❶输入相应的文字内容；❷选择合适的字体，如图8-50所示。

图 8-49　点击"新建文本"按钮　　　　　图 8-50　选择字体

步骤 07 ❶切换至"样式"选项卡；❷选择合适的预设样式，如图8-51所示。

步骤 08 ❶在预览区域中，调整文字的大小和位置；❷点击"添加关键帧"

按钮◇，如图8-52所示，添加一个关键帧。

图 8-51　选择预设样式

图 8-52　点击"添加关键帧"按钮（3）

步骤 09 调整文字的持续时长，使其结束位置对齐视频素材的结束位置，如图8-53所示。

步骤 10 ❶拖曳时间轴至文本结束的位置；❷添加一个关键帧，如图8-54所示。

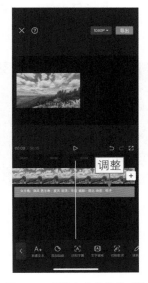

图 8-53　调整文字的持续时长

图 8-54　添加关键帧

步骤**11** 在预览区域中，调整文字的大小和位置，如图8-55所示。

步骤**12** 在预览区域中，预览视频效果，如图8-56所示。

 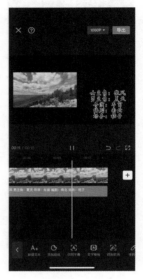

图 8-55　调整文字的大小和位置　　　　　图 8-56　预览视频效果

习题：添加复古片尾

【效果展示】：运用剪映的添加片尾功能，可以为视频添加复古的片尾素材，提高视频的完整度，效果如图8-57所示。

扫码看教学视频　扫码看成品效果

图 8-57　添加复古片尾素材效果展示

第9章

手机版剪映综合案例：

《城市呼吸》

本章要点：

　　剪映手机版拥有强大的功能和丰富的素材，能充分满足手机端用户对视频剪辑的需求。剪映不仅操作简单，上手难度低，而且不受时间和地点的限制，让用户无论在何时何地都能轻松剪辑视频。本章主要介绍在剪映手机版中制作综合案例《城市呼吸》的操作方法。

9.1 《城市呼吸》效果展示

【效果展示】：本案例主要用来展示城市天空中飘动的云朵。视频中的云朵不断变化，搭配节奏感强烈的背景音乐，非常富有动感，适合日常记录类短视频，效果如图9-1所示。

扫码看教学视频　扫码看成品效果

图9-1　《城市呼吸》效果展示

9.2 《城市呼吸》制作流程

本节主要介绍剪映手机版综合案例《城市呼吸》的制作过程，包括导入和剪辑素材、添加转场、添加文字和动画、添加特效和贴纸、添加滤镜、添加背景音乐的操作方法。

9.2.1　导入和剪辑素材

制作视频的第1步就是导入素材，用户在剪映中导入相应的素材后，就可以对素材进行剪辑，选取需要的片段。下面介绍导入和剪辑素材的操作方法。

步骤 01　打开剪映，在主界面中点击"开始创作"按钮，如图9-2所示。

步骤 02　进入手机相册，❶ 选中相应的视频素材；❷ 点击"添加"按钮，如图 9-3 所示。

步骤 03　执行操作后，即可将视频素材导入剪映中，如图9-4所示。

步骤 04　❶ 选中第1段视频素材；❷拖曳时间轴至第5s的位置；❸点击"分割"按钮，如图9-5所示。

步骤 05　❶ 选中分割出的后半段视频素材；❷ 点击"删除"按钮，如图9-6所示，删除不需要的视频片段。

步骤 06　选中第2段视频素材，向左拖曳视频素材右侧的白框，调整素材的时长，如图9-7所示。

图 9-2　点击"开始创作"　　图 9-3　点击"添加"
　　　　　　按钮　　　　　　　　　　　按钮

图 9-4　导入视频素材　　图 9-5　点击"分割"
　　　　　　　　　　　　　　　　　　　按钮

图 9-6　点击"删除"按钮　　　　　　　　　图 9-7　拖曳视频素材右侧的白框

步骤 07 使用同样的操作方法，调整其他素材的时长，如图9-8所示。

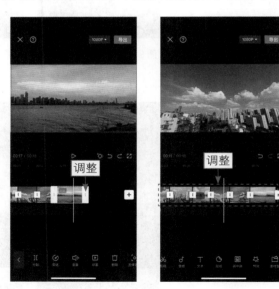

图 9-8　调整其他素材的时长

9.2.2　添加转场

　　在多段视频素材之间添加合适的转场，可以使视频的切换更流畅，也可以为视频增加趣味性。下面介绍在剪映中添加视频转场的操作方法。

步骤 01 点击前面两段视频素材之间的 **I** 按钮，如图9-9所示。

步骤 02 进入"转场"界面，**❶** 切换至"叠化"选项卡；**❷** 选择"水墨"转场效果，如图9-10所示。

图 9-9　点击相应的按钮　　　　　　图 9-10　选择"水墨"转场效果

步骤 03 使用相同的操作方法，在其他的素材之间添加合适的转场效果，如图9-11所示。

图 9-11　在其他的素材之间添加合适的转场效果

9.2.3 添加文字和动画

想让观众了解视频的主题，最简单的方法就是为视频添加合适的文字。而为文字添加动画可以让文字的入场和出场更自然，也可以为视频增加看点。下面介绍在剪映中添加文字和动画的操作方法。

步骤 01 ❶ 拖曳时间轴至视频的起始位置；❷ 点击"文本"按钮，如图 9-12 所示。

步骤 02 执行操作后，在弹出的工具栏中点击"新建文本"按钮，如图 9-13 所示。

步骤 03 ❶ 在文本框中修改文本内容；❷ 选择相应的字体，如图 9-14 所示。

步骤 04 ❶ 切换至"样式"选项卡；❷ 切换至"描边"选项区；❸ 为文字选择合适的颜色，如图 9-15所示。

图 9-12 点击"文本"按钮　　图 9-13 点击"新建文本"按钮

图 9-14 选择相应的字体　　图 9-15 为文字选择颜色

步骤 05 ❶切换至"动画"选项卡；❷选择"入场"选项区中的"弹簧"动

画；❸设置动画时长为1.5s，如图9-16所示。

步骤 06 ❶切换至"出场"选项区；❷选择"模糊"动画，如图9-17所示。

图 9-16　设置动画时长　　　　　　　　　图 9-17　选择"模糊"动画

步骤 07 执行操作后，❶拖曳时间轴至第3s的位置；❷点击工具栏中的"新建文本"按钮，如图9-18所示。

步骤 08 ❶在文本框中修改文本内容；❷选择合适的字体，如图9-19所示。

图 9-18　点击"新建文本"按钮　　　　　　　图 9-19　选择字体

步骤09 ❶切换至"样式"选项卡；❷选择相应的预设样式；❸为文字选择合适的颜色，如图9-20所示。

步骤10 ❶切换至"动画"选项卡；❷选择"入场"选项区中的"溶解"动画；❸设置动画时长为1.5s，如图9-21所示。

图9-20　为文字选择颜色

图9-21　设置动画时长

步骤11 ❶切换至"出场"选项区；❷选择"闭幕"动画，如图9-22所示。

步骤12 在预览区域中，调整文字的大小和位置，如图9-23所示。

图9-22　选择"闭幕"动画

图9-23　调整文字的大小和位置

步骤13 ❶选中第2段文本；❷点击工具栏中的"复制"按钮，如图9-24所示。

步骤14 执行操作后，复制的文本会显示在原文本下方，如图9-25所示。

图 9-24　点击"复制"按钮

图 9-25　复制文本

步骤15 调整第2段文本与第3段文本的位置与时长，使其与相应的视频素材的时长一致，如图9-26所示。

步骤16 ❶选中第3段文本；❷点击预览区域中的文本框，如图9-27所示。

图 9-26　调整文本的位置与时长

图 9-27　点击文本框

141

剪映基础教程（手机版＋电脑版）

步骤 17 执行操作后进入文本编辑界面，修改文本内容，如图9-28所示。

步骤 18 使用相同的操作方法，为后两段视频素材添加相应的文本，并修改文本内容，如图9-29所示。

图 9-28　修改文本内容

图 9-29　添加其他文本

9.2.4　添加特效和贴纸

　　为视频添加特效可以制作出不一样的视频效果，例如为视频添加"开幕"和"闭幕"特效就可以轻松制作出片头及片尾效果。另外，为视频添加贴纸可以丰富视频内容，运用"关键帧"功能还可以让贴纸变换位置和大小。下面介绍在剪映中添加特效和贴纸的操作方法。

　　步骤 01 ❶拖曳时间轴至视频素材的起始位置；❷点击"特效"按钮，如图9-30所示。

　　步骤 02 在弹出的工具栏中点击"画面特效"按钮，如图9-31所示。

　　步骤 03 进入特效界面，❶切

图 9-30　点击"特效"
按钮

图 9-31　点击"画面
特效"按钮

142

换至"基础"选项卡；❷选择"开幕"特效，如图9-32所示。

步骤 04 向左拖曳"开幕"特效右侧的白框，适当调整"开幕"特效的持续时长，如图9-33所示。

图 9-32　选择"开幕"特效

图 9-33　调整特效的持续时长（1）

步骤 05 ❶拖曳时间轴至第1段视频素材结束的位置；❷点击"画面特效"按钮，如图9-34所示。

步骤 06 执行操作后，❶切换至 Bling 选项卡；❷选择"细闪Ⅱ"特效，如图 9-35 所示。

步骤 07 执行操作后，❶拖曳时间轴至第4段视频素材的起始位置；❷点击"画面特效"按钮，如图9-36所示。

步骤 08 执行操作之后，❶切换至Bling选项卡；❷选择"细闪"特效，如图9-37所示。

步骤 09 ❶ 拖曳时间轴至第 14s 的位置；❷ 点击"画面特效"按钮，如图 9-38 所示。

图 9-34　点击"画面特效"按钮（1）

图 9-35　选择"细闪Ⅱ"特效

图9-36　点击"画面特效"按钮（2）　　图9-37　选择"细闪"特效　　图9-38　点击"画面特效"按钮（3）

步骤10 执行操作后，❶切换至"基础"选项卡；❷选择"闭幕"特效，如图9-39所示。

步骤11 调整特效的持续时长，使其与视频素材结束的位置对齐，如图9-40所示。

步骤12 ❶拖曳时间轴至第10s的位置；❷点击"贴纸"按钮，如图9-41所示。

图9-39　选择"闭幕"特效　　图9-40　调整特效的持续时长（2）　　图9-41　点击"贴纸"按钮

步骤13 执行操作后，进入贴纸界面，如图9-42所示。

步骤14 ❶在搜索框中输入"云朵"并搜索；❷选择相应的贴纸，如图9-43所示。

图 9-42 进入贴纸界面

图 9-43 选择相应的贴纸

步骤15 ❶在预览区域中调整贴纸的大小和位置；❷拖曳时间轴至贴纸的起始位置；❸添加一个关键帧，如图9-44所示。

步骤16 ❶拖曳时间轴至贴纸的结束位置；❷再次调整贴纸的大小和位置，如图9-45所示。

图 9-44 添加关键帧

图 9-45 调整贴纸的位置和大小

9.2.5　添加滤镜

由于视频是由多个素材构成的，为视频添加合适的滤镜可以使视频画面更加精美，也可以使视频画面的色调更统一。下面介绍在剪映中添加滤镜的操作方法。

步骤01 ❶拖曳时间轴至视频素材的起始位置；❷点击"滤镜"按钮，如图9-46所示。

步骤02 进入"滤镜"界面，❶切换至"复古胶片"选项卡；❷选择KU4滤镜，如图9-47所示。

步骤03 执行操作后，调整滤镜效果的持续时长，使其与视频素材的时长一致，如图9-48所示。

步骤04 ❶拖曳时间轴至第13s的位置，❷点击"新增滤镜"按钮，如图9-49所示。

图9-46　点击"滤镜"　　　图9-47　选择 KU4 滤镜
　　　　　　按钮

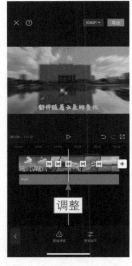

图9-48　调整滤镜效果的持续时长（1）　　　图9-49　点击"新增滤镜"按钮

步骤05 进入"滤镜"界面，❶切换至"风景"选项卡；❷选择"暮色"滤镜，如图9-50所示。

步骤 06 调整滤镜效果的持续时长，使其与视频素材的结束位置对齐，如图9-51所示。

图 9-50　选择"暮色"滤镜

图 9-51　调整滤镜效果的持续时长（2）

9.2.6　添加背景音乐

贴合视频的音乐能为视频增加记忆点和亮点，下面介绍在剪映中添加背景音乐的操作方法。

步骤 01 ❶ 拖曳时间轴至视频的起始位置；❷ 点击"音频"按钮，如图 9-52 所示。

步骤 02 在弹出的工具栏中点击"提取音乐"按钮，如图9-53所示。

步骤 03 执行操作后，进入"视频"界面，❶ 选择相应的视频素材；❷ 点击"仅导入视频的声音"按钮，如图 9-54 所示。

步骤 04 执行操作后，即可提取相应视频中的音频，如图 9-55 所示。

图 9-52　点击"音频"按钮

图 9-53　点击"提取音乐"按钮

图 9-54　点击"仅导入视频的声音"按钮

图 9-55　提取音频

步骤 05 将多余的音频素材分割并删除，调整音频素材的位置，使其与视频素材的结束位置对齐，如图9-56所示。

步骤 06 执行操作后，点击"导出"按钮，如图9-57所示，即可将视频导出到手机相册中。

图 9-56　调整音频素材的位置

图 9-57　点击"导出"按钮

第 10 章

电脑版剪映综合案例：

《七十大寿》

本章要点：

　　电脑版剪映的界面大气、功能强大、布局灵活，为电脑端用户提供了更舒适的创作和剪辑条件。电脑版剪映不仅功能简单、好用，素材也非常丰富，而且上手难度低，能帮助用户轻松制作出艺术大片。本章主要介绍在电脑版剪映中制作综合案例《七十大寿》的操作方法。

10.1 《七十大寿》效果展示

【效果展示】：本案例主要用来展示制作寿宴短视频的各个流程。在视频中，亲朋好友欢聚一堂，共同庆祝老人的生日，效果如图10-1所示。

图 10-1　《七十大寿》效果展示

10.2 《七十大寿》制作流程

本节主要介绍电脑版剪映综合案例《七十大寿》的制作过程，包括素材时长的设置、视频转场的设置、特效和贴纸的添加、解说文字的制作、滤镜的添加和设置、背景音乐的添加、视频的导出设置等，帮助大家掌握短视频的全流程剪辑技巧。

10.2.1　素材时长的设置

在剪映中，用户可以设置素材的时长，并选取精彩的画面制作成视频。下面介绍在剪映中设置素材时长的操作方法。

步骤01 在"媒体"功能区中的"本地"选项卡中，单击"导入"按钮，如图10-2所示。

步骤02 弹出"请选择媒体资源"对话框，❶选择相应的视频素材；❷单击"打开"按钮，如图10-3所示。

图 10-2　单击"导入"按钮　　　　　　图 10-3　单击"打开"按钮

步骤03 执行操作后，即可将所选视频素材导入"本地"选项卡中，如图10-4所示。

步骤04 ❶全选"本地"选项卡中的视频素材；❷单击第1个视频素材右下角的"添加到轨道"按钮，如图10-5所示，将其导入到视频轨道中。

图 10-4　导入视频素材　　　　　　图 10-5　单击相应的按钮

步骤05 ❶ 拖曳时间轴至 00:00:14:00 的位置；❷ 单击"分割"按钮，如图 10-6 所示。

步骤06 ❶ 选择分割出来的后半段视频素材；❷ 单击"删除"按钮，如图 10-7 所示，删除不需要的视频片段。

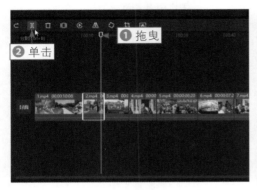

图 10-6　单击"分割"按钮　　　　　　图 10-7　单击"删除"按钮

步骤07 ❶选择第3段视频素材；❷按住右侧的白框并向左拖曳，调整第3段素材的时长，如图10-8所示。

步骤08 使用相同的操作方法，调整其他素材的时长，如图10-9所示。

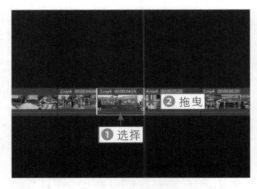

图 10-8　调整素材的时长　　　　　　图 10-9　调整其他素材的时长

10.2.2　视频转场的设置

设置转场可以使不同素材之间的切换更自然，优化视频的视觉效果。下面介绍在剪映中设置视频转场的操作方法。

步骤01 拖曳时间轴至第1段视频素材的结束位置，如图10-10所示。

步骤02 ❶单击"转场"按钮；❷切换至"光效"选项卡，如图10-11所示。

步骤 03 单击"炫光Ⅱ"转场右下角的"添加到轨道"按钮，如图10-12所示，在第1段素材和第2段素材之间添加"炫光Ⅱ"转场效果。

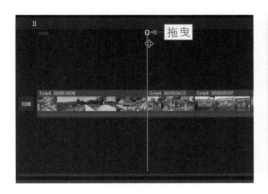

图 10-10　拖曳时间轴至相应的位置　　　图 10-11　切换至"光效"选项卡

步骤 04 使用相同的操作方法，在其他视频素材间添加转场，如图10-13所示。

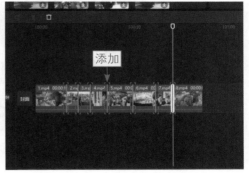

图 10-12　单击"添加到轨道"按钮　　　图 10-13　添加多个转场

10.2.3　特效和贴纸的添加

剪映拥有数量庞大、风格迥异的特效和贴纸素材，用户可以随意选择并进行组合搭配。下面介绍在剪映中添加特效和贴纸的操作方法。

步骤 01 拖曳时间轴至视频素材的起始位置，❶单击"特效"按钮；❷切换至"画面特效"选项卡中的"基础"选项区，如图10-14所示。

步骤 02 执行操作后，单击"渐显开幕"特效右下角的"添加到轨道"按钮，如图10-15所示。

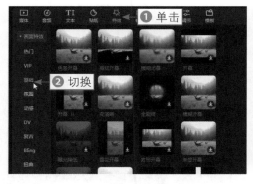

图 10-14　切换至"基础"选项区

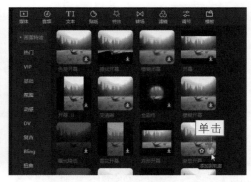

图 10-15　单击"添加到轨道"按钮（1）

步骤 03　拖曳"渐显开幕"特效右侧的边框，调整特效的持续时长，如图 10-16 所示。

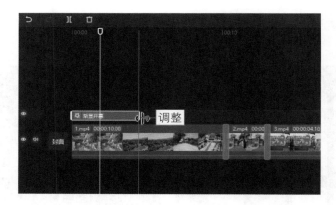

图 10-16　调整特效的持续时长（1）

步骤 04　拖曳时间轴至第4段素材的起始位置，如图10-17所示。

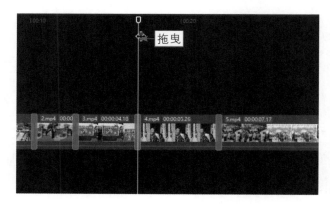

图 10-17　拖曳时间轴至相应的位置

步骤 05 在"特效"功能区中，❶切换至"氛围"选项区；❷单击"节日彩带"特效右下角的"添加到轨道"按钮，如图10-18所示。

步骤 06 拖曳特效右侧的白框，适当调整特效的持续时长，如图10-19所示。

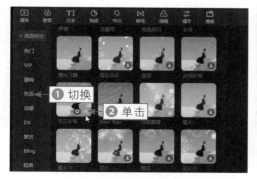

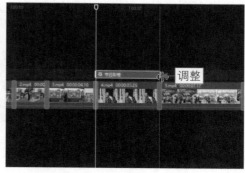

图 10-18　单击"添加到轨道"按钮（2）　　　图 10-19　调整特效的持续时长（2）

步骤 07 拖曳时间轴至00:00:48:00的位置，如图10-20所示。

步骤 08 在"特效"功能区中，❶切换至"基础"选项区；❷单击"闭幕"特效右下角的"添加到轨道"按钮，如图10-21所示。

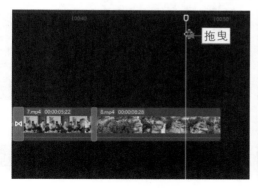

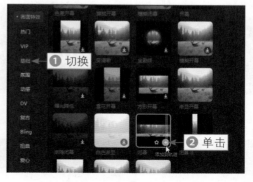

图 10-20　拖曳时间轴至相应的位置　　　图 10-21　单击"添加到轨道"按钮（3）

步骤 09 调整特效的持续时长，使其与视频素材的结束位置对齐，如图10-22所示。

步骤 10 拖曳时间轴至视频的起始位置，单击"贴纸"按钮，如图 10-23 所示。

步骤 11 ❶切换至"炸开"选项卡；❷单击相应烟花贴纸右下角的"添加到轨道"按钮，如图10-24所示。

步骤 12 使用相同的操作方法，再添加3个烟花贴纸，如图10-25所示。

步骤 13 适当调整4个贴纸的持续时长，如图10-26所示。

步骤 14 在"播放器"窗口中调整贴纸的大小和位置，如图10-27所示。

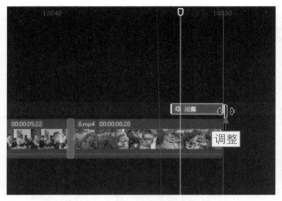

图 10-22　调整特效的持续时长（3）

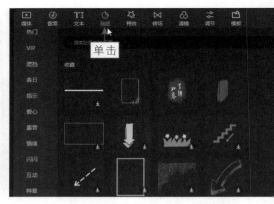

图 10-23　单击"贴纸"按钮

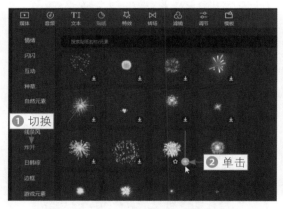

图 10-24　单击"添加到轨道"按钮（4）

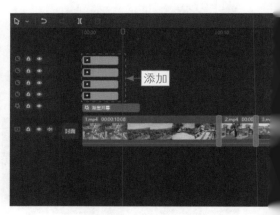

图 10-25　添加贴纸

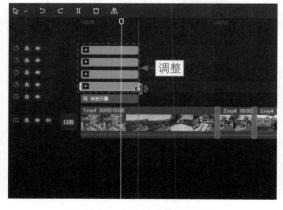

图 10-26　调整贴纸的持续时长

图 10-27　调整贴纸的大小和位置

10.2.4　解说文字的制作

为视频添加相应的解说文字，可以帮助观众了解视频的内容和主题，为文字设置动画效果则可以增加视频的趣味性。下面介绍在剪映中制作解说文字的操作方法。

步骤01 拖曳时间轴至00:00:01:00的位置，如图10-28所示。

步骤02 执行操作后，❶单击"文本"按钮；❷在"新建文本"选项卡中单击"默认文本"右下角的"添加到轨道"按钮➕，如图10-29所示。

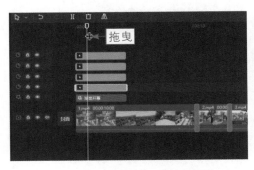

图 10-28　拖曳时间轴至相应的位置

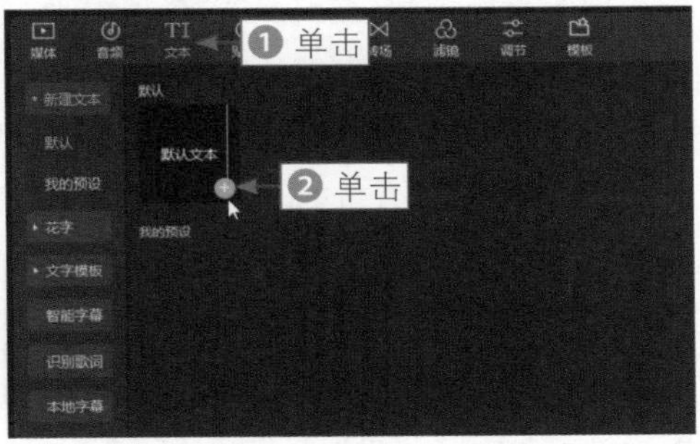

图 10-29　单击"添加到轨道"按钮

步骤03 ❶输入相应的文字内容；❷选择合适的字体，如图10-30所示。

步骤04 ❶切换至"花字"选项卡；❷选择合适的花字样式，如图10-31所示。

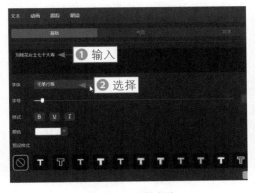

图 10-30　选择字体

图 10-31　选择花字样式

步骤05 执行操作后，向右拖曳文本右侧的白框，适当调整文本的显示时长，如图10-32所示。

步骤06 在"播放器"窗口中调整文字的大小和位置，如图10-33所示。

步骤07 执行操作后，切换至"动画"操作区，如图10-34所示。

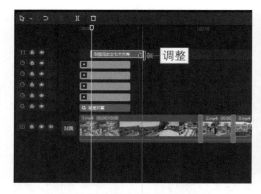

图 10-32　调整文本的显示时长　　　　图 10-33　调整文字的大小与位置

步骤08 ❶选择"入场"选项卡中的"打字机Ⅱ"动画；❷拖曳滑块设置"动画时长"参数为1.0s，如图10-35所示。

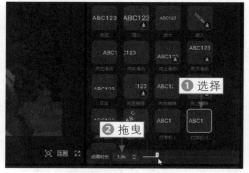

图 10-34　切换至"动画"操作区　　　　图 10-35　设置"动画时长"参数

步骤09 ❶切换至"出场"选项卡；❷选择"闭幕"动画，如图10-36所示，设置"动画时长"参数为0.7s。

步骤10 使用相同的操作方法，在视频的合适位置添加文字，如图10-37所示。

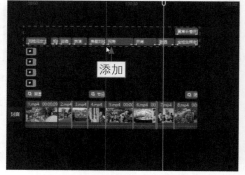

图 10-36　选择"闭幕"动画　　　　图 10-37　添加相应的文字

10.2.5　滤镜的添加和设置

要调节视频的画面色彩，可以为视频添加滤镜并设置滤镜强度，也可以为视频添加调节效果并设置调节参数，还可以两个方法一起使用。下面介绍在剪映中添加和设置滤镜的操作方法。

步骤01 拖曳时间轴至视频素材的起始位置，单击"滤镜"按钮，如图 10-38 所示。

步骤02 ❶切换至"风景"选项卡；❷单击"绿妍"滤镜右下角的"添加到轨道"按钮➕，如图10-39所示。

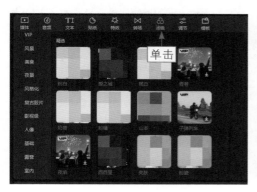

图 10-38　单击"滤镜"按钮　　　　图 10-39　单击"添加到轨道"按钮

步骤03 在"滤镜"操作区中，设置滤镜"强度"参数为80，如图10-40所示。

步骤04 向右拖曳滤镜效果右侧的白框，调整其持续时长，使其结束位置与第1段视频素材的结束位置对齐，如图10-41所示。

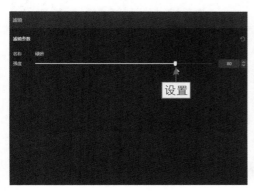

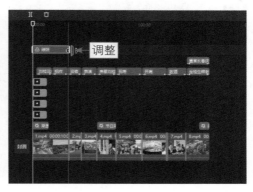

图 10-40　设置"强度"参数　　　　图 10-41　调整滤镜效果的持续时长（1）

步骤 05 在"滤镜"功能区中，❶切换至"人像"选项卡；❷单击"自然"滤镜右下角的"添加到轨道"按钮❶，如图10-42所示。

步骤 06 调整滤镜效果的持续时长，使其与视频素材的结束位置对齐，如图10-43所示。

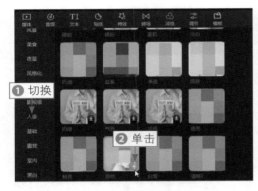

图 10-42　单击相应的按钮

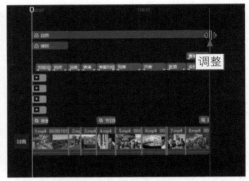

图 10-43　调整滤镜效果的持续时长（2）

10.2.6　背景音乐的添加

添加合适的背景音乐可以帮助视频更好地抒发情感，下面介绍在剪映中为视频添加背景音乐的操作方法。

步骤 01 拖曳时间轴至视频素材的起始位置，如图10-44所示。

步骤 02 ❶ 单击"音频"按钮；❷ 单击"音频提取"按钮，如图 10-45 所示。

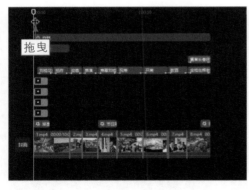

图 10-44　拖曳时间轴至视频素材的起始位置

图 10-45　单击"音频提取"按钮

步骤 03 单击"导入"按钮，如图 10-46 所示，弹出"请选择媒体资源"对话框。

步骤 04 ❶选择相应的视频素材；❷单击"打开"按钮，如图10-47所示。

图 10-46　单击"导入"按钮　　　　图 10-47　单击"打开"按钮

步骤 05 执行操作后，即可提取相应视频中的音频，单击音频右下角的"添加到轨道"按钮，如图10-48所示。

步骤 06 调整音频素材的时长，使其与视频素材的结束位置对齐，如图 10-49所示。

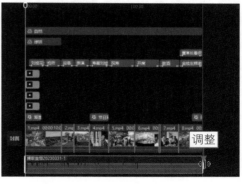

图 10-48　单击"添加到轨道"按钮　　　　图 10-49　调整音频素材的时长

10.2.7　视频的导出设置

最后一步是导出视频，用户可以设置分辨率等参数，提升视频的品质。下面介绍在剪映中导出视频的操作方法。

步骤 01 单击界面右上角的"导出"按钮，如图10-50所示。

步骤 02 弹出"导出"对话框，修改作品的名称，如图10-51所示。

步骤 03 单击"导出至"右侧的■按钮，如图10-52所示。

步骤 04 弹出"请选择导出路径"对话框，❶设置相应的保存路径；❷单击"选择文件夹"按钮，如图10-53所示。

剪映基础教程（手机版＋电脑版）

图 10-50　单击"导出"按钮（1）

图 10-51　修改作品名称

图 10-52　单击相应的按钮

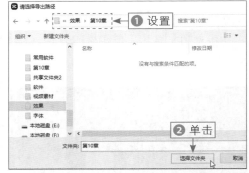

图 10-53　单击"选择文件夹"按钮

步骤 05 返回"导出"对话框，在"分辨率"下拉列表中选择"1080P"选项，如图10-54所示，提高视频的分辨率和清晰度。

步骤 06 单击"导出"按钮，如图10-55所示，即可导出制作好的视频。

图 10-54　选择 1080P 选项

图 10-55　单击"导出"按钮（2）

162